Imagine Infinite!

창의영재수학

아이앤아이

영재들의
수학여행

 Math Travel

초급
초등 3~5학년 **A** 수와 연산
멕시코편

창의영재수학

아이 앤 아이

01 수학 여행 테마로 수학 사고력 활동을 자연스럽게 이어갈 수 있도록 하였습니다.

02 키즈 – 입문 – 초급 – 중급 – 고급으로 이어지는 단계별 창의 영재 수학 학습 시리즈입니다.

03 각 챕터마다 기초 – 심화 – 응용의 문제 배치로 쉬운 것부터 차근차 근 문제해결력을 향상시킵니다.

04 각종 수학 사고력, 창의력 문제, 지능검사 문제, 대회 기출 문제 등을 체계적으로 정밀하게 다듬어 정리하였습니다.

05 과학, 음악, 미술, 영화, 스포츠 등에 관련된 융합형(STEAM) 수학 문제를 흥미롭게 다루었습니다.

06 단계적으로 창의적 문제해결력을 향상시켜 영재교육원에 도전해 보 세요.

창의영재가 되어볼까?

교재 구성

	A	B	C	D	E	F	G
키즈 (6세 7세 초1)	**(수)** 수와 숫자 수 비교하기 수 규칙 수 퍼즐	**(연산)** 가르기와 모으기 덧셈과 뺄셈 식 만들기 연산 퍼즐	**(도형)** 평면도형 입체도형 위치와 방향 도형 퍼즐	**(측정)** 길이와 무게 비교 넓이와 들이 비교 시계와 시간 부분과 전체	**(규칙)** 패턴 이중 패턴 관계 규칙 여러 가지 규칙	**(문제해결력)** 모든 경우 구하기 분류하기 표와 그래프 추론하기	**(워크북)** 수 연산 도형 측정 규칙 문제해결력
입문 (초 1~3)	**(수와 연산)** 수와 숫자 조건에 맞는 수 수의 크기 비교 합과 차 식 만들기 벌레 먹은 셈	**(도형)** 평면도형 입체도형 모양 찾기 도형 나누기와 움직이기 쌓기나무	**(측정)** 길이 비교 길이 재기 넓이와 들이 비교 무게 비교 시계와 달력	**(규칙)** 수 규칙 여러 가지 패턴 수 배열표 암호 새로운 연산 기호	**(자료와 가능성)** 경우의 수 리그와 토너먼트 분류하기 그림 그려 해결하기 표와 그래프	**(문제해결력)** 문제 만들기 주고 받기 어떤 수 구하기 재미있게 풀기 추론하기 미로와 퍼즐	**(워크북)** 수와 연산 도형 측정 규칙 자료와 가능성 문제해결력
초급 (초 3~5)	**(수와 연산)** 수 만들기 수와 숫자의 개수 연속하는 자연수 가장 크게, 가장 작게 도형이 나타내는 수 마방진	**(도형)** 색종이 접어 자르기 도형 붙이기 도형의 개수 쌓기나무 주사위	**(측정)** 길이와 무게 재기 시간과 들이 재기 덮기와 넓이 도형의 둘레 원	**(규칙)** 수 패턴 도형 패턴 수 배열표 새로운 연산 기호 규칙 찾아 해결하기	**(자료와 가능성)** 가짓수 구하기 리그와 토너먼트 금액 만들기 가장 빠른 길 찾기 표와 그래프(평균)	**(문제해결력)** 한붓 그리기 논리 추리 성냥개비 다른 방법으로 풀기 간격 문제 배수의 활용	
중급 (초 4~6)	**(수와 연산)** 복면산 수와 숫자의 개수 연속하는 자연수 수와 식 만들기 크기가 같은 분수 여러 가지 마방진	**(도형)** 도형 나누기 도형 붙이기 도형의 개수 기하판 정육면체	**(측정)** 수직과 평행 다각형의 각도 접기와 각 붙여 만든 도형 단위 넓이의 활용	**(규칙)** 규칙성 찾기 도형과 연산의 규칙 규칙 찾아 개수 세기 교점과 영역 개수 수 배열의 규칙	**(자료와 가능성)** 경우의 수 비둘기집 원리 최단 거리 만들 수 있는, 없는 수 평균	**(문제해결력)** 논리 추리 님 게임 강 건너기 창의적으로 생각하기 효율적으로 생각하기 나머지 문제	
고급 (초6~중등)	**(수와 연산)** 연속하는 자연수 배수 판정법 여러 가지 진법 계산식에 써넣기 조건에 맞는 수 끝수와 숫자의 개수	**(도형)** 입체도형의 성질 쌓기나무 도형 나누기 평면도형의 활용 입체도형의 부피, 겉넓이	**(측정)** 시계와 각도 평면도형의 활용 도형의 넓이 거리, 속력, 시간 도형의 회전 그래프 이용하기	**(규칙)** 암호 해독하기 여러 가지 규칙 여러 가지 수열 연산 기호 규칙 도형에서의 규칙	**(자료와 가능성)** 경우의 수 비둘기집 원리 입체도형에서의 경로 영역 구분하기 확률	**(문제해결력)** 홀수와 짝수 조건 분석하기 다른 질량 찾기 뉴턴산 작업 능률	

책의 구성과 활용

단원들어가기

친구들의 수학여행(Math Travel)과 함께 단원이 시작됩니다. 여행지에서 수학문제를 발견하고 창의적으로 해결해 나갑니다.

아이앤아이 수학여행 친구들

전 세계 곳곳의 수학 관련 문제들을 풀며 함께 세계여행을 떠날 친구들을 소개할게요!

무우

팀의 맏리더. 행동파 리더.
에너지 넘치는 자신감과 우한 긍정으로 팀원에게 격려와 응원을 아끼지 않는 팀의 맏형, 솔선수범하는 믿음직한 해결사예요.

상상

팀의 챙김이 언니, 아이디어 뱅크.
감수성이 풍부하고 공감력이 뛰어나 동생들의 고민을 경청하고 챙겨주는 맏언니예요.

알알

진지하고 생각많은 똘똘이 알알이.
겁 많고 부끄럼 많고 소심하지만 관찰력이 뛰어나고 생각 깊은 아이에요. 야무진 성격을 보여주는 알밤머리와 주근깨 가득한 통통한 볼이 특징이에요.

제이

궁금한게 많은 막내 엉뚱이 제이.
엉뚱한 질문이나 행동으로 상대방에게 웃음을 주어요. 주워의 것을 놓치고 싶지 않은 장난기가 가득한 매력덩어리입니다.

단원살펴보기

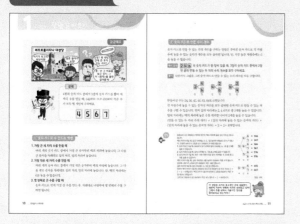

단원의 주제되는 내용을 정리하고 '궁금해요' 문제를 풀어봅니다.

대표문제

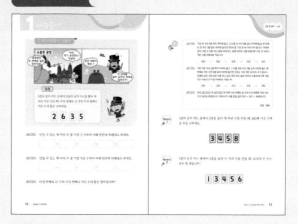

대표되는 문제를 단계적으로 해결하고 '확인하기' 문제를 풀어봅니다.

연습문제

단원살펴보기 및 대표문제에서 익힌 내용을 알차게 구성된 사고력 문제를 통해 점검하며 주제에 대한 탄탄한 기본기를 다집니다.

심화문제

단원에 관련된 문제의 이해와 응용력을 바탕으로 창의적 문제 해결력을 기릅니다.

창의적문제해결수학

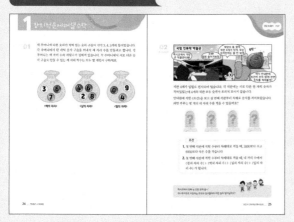

창의력 응용문제, 융합문제를 풀며 해당 단원 문제에 자신감을 가집니다.

정답 및 풀이

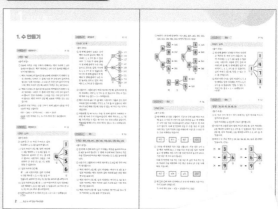

상세한 풀이과정과 함께

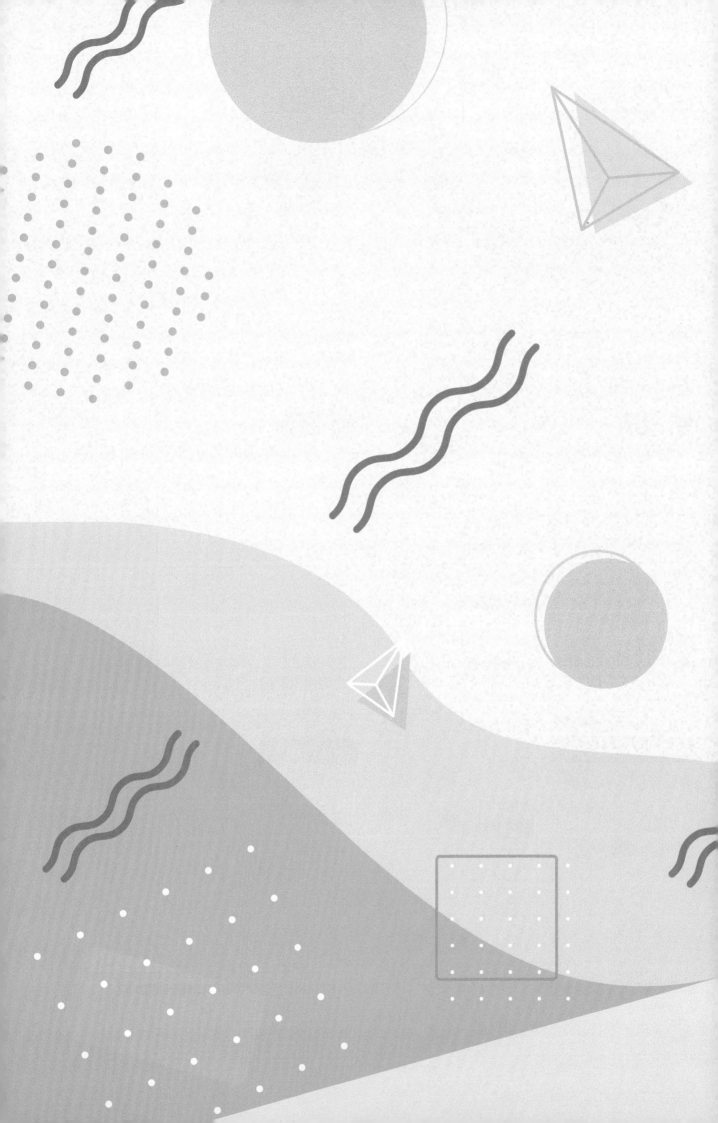

차례
CONTENTS

초급 _{초등3~5학년} **A** 수와 연산

이집트 숫자?

이집트 숫자는 아래 표와 같이 각각의 상형문자의 의미가 있고 각 값을 나타냅니다.

반면 오늘날 우리가 사용하는 아라비아 숫자는 0부터 9까지의 수입니다.

상형문자	 						
상형문자의 값	1	10	100	1000	10000	100000	1000000
상형문자 의미	수직 막대기	말굽형 멍에	나선	연꽃	손가락	올챙이	놀라는 사람

⨪⨪⨪⨪⍵∩∩∩‖ → **4132**

〈그림 1〉

⍵⨪⨪∩‖∩⨪⨪∩ → **4132**

〈그림 2〉

5 1 3 4 → **5134**

〈그림 3〉

1 3 5 4 → **1354**

〈그림 4〉

→ 〈그림 1〉과 같이 상형문자로 네 자리 수 4132로 나타 낼 수 있고 〈그림 2〉와 같이 상형문자를 섞어서 놓았 을 때도 같은 4132입니다.

자신의 생일을 상형문자로 만드세요.

→ 〈그림 3〉과 〈그림 4〉은 서로 같은 숫자 카드를 사용했지만, 숫자 카 드가 놓인 위치가 달라서 서로 다 른 수가 됩니다.

1. 수 만들기

멕시코
Mexico

멕시코시티 ★

✈
멕시코 첫째 날 DAY 1

무우와 친구들은 멕시코에 도착한 첫째 날, <멕시코시티>
에 도착했어요. 자~ 그럼 먼저 <메트로폴리타나 대성당>
에서는 무슨 재미난 일이 기다리고 있을지 떠나 볼까요?
즐거운 수학여행 출발~!

문제

4장의 숫자 카드 중에서 3장의 숫자 카드를 뽑아 세 자리 수를 만들 때, 540보다 크고 650보다 작은 수가 모두 몇 개인지 구하세요.

1. 숫자 카드로 수 만드는 방법

1. 가장 큰 세 자리 수를 만들 때

여러 개의 숫자 카드 중에서 가장 큰 숫자부터 백의 자리에 놓습니다. 그 다음 큰 숫자를 차례대로 십의 자리, 일의 자리에 놓습니다.

2. 가장 작은 세 자리 수를 만들 때

여러 개의 숫자 카드 중에서 가장 작은 숫자부터 백의 자리에 놓습니다. 그 다음 작은 숫자를 차례대로 십의 자리, 일의 자리에 놓습니다. 단, 백의 자리에는 0을 놓을 수 없습니다.

3. 몇 번째로 큰 수를 구할 때

숫자 카드로 먼저 가장 큰 수를 만든 후, 차례대로 나열하여 몇 번째의 수를 구하면 됩니다.

2. 숫자 카드로 만든 수의 개수

숫자 카드로 만들 수 있는 수의 개수를 구하는 방법은 주어진 숫자 카드로 각 자릿수에 놓을 수 있는 숫자의 개수를 모두 곱하면 됩니다. 단, 가장 높은 자릿수에는 0을 놓을 수 없습니다.

예시 문제 **2** **4** **6** 의 숫자 카드가 한 장씩 있을 때, 3장의 숫자 카드 중에서 2장만 골라 만들 수 있는 두 자리 수의 개수를 모두 구하세요.

풀이 나뭇가지 그림을 그려 숫자 카드로 만들 수 있는 수의 개수를 모두 구합니다.

십　　일　　　　　　십　　일　　　　　　십　　일

만들어진 수는 24, 26, 42, 46, 62, 64로 6개입니다.

각 자릿수에 놓을 수 있는 숫자의 개수를 모두 곱하면 숫자 카드로 만들 수 있는 개수를 구할 수 있습니다. 먼저 십의 자리에는 2, 4, 6으로 총 3개를 놓을 수 있습니다. 일의 자리에는 백의 자리에 놓은 수를 제외한 나머지 2개를 놓을 수 있습니다.

(만들 수 있는 두 자리 수의 개수) = (십의 자리에 놓을 수 있는 숫자의 개수) × (일의 자리에 놓을 수 있는 숫자의 개수) = 3 × 2 = 6개입니다.

정답

540보다 크고 650보다 작아야 하므로 백의 자리에 놓을 숫자 카드는 5와 6입니다.
백의 자리가 5일 때, 십의 자리에는 4, 6, 7을 놓아야 540보다 큰 수가 됩니다. 오른쪽 나뭇가지 그림과 같이 540보다 큰 수를 만듭니다.
1. 십의 자리가 4일 때, 540보다 크기 위해서 일의 자리에는 6, 7로 총 2개를 놓을 수 있습니다.
2. 십의 자리가 6일 때, 일의 자리에는 4, 7로 총 2개를 놓을 수 있습니다.
3. 십의 자리가 7일 때, 위의 ⅱ)와 마찬가지로 일의 자리에는 4, 6으로 총 2개를 놓을 수 있습니다.
백의 자리가 6일 때, 십의 자리에는 4를 놓아야 650보다 작은 수가 됩니다. 오른쪽 나뭇가지 그림과 같이 650보다 작은 수를 만듭니다.
십의 자리에 4일 때, 일의 자리에는 5, 7로 총 2개입니다.
따라서 백의 자리가 5일 때, 650보다 작으므로 540보다 큰 수의 개수는 2 + 2 + 2 = 6개입니다. 백의 자리가 6일 때 540보다 크므로 650보다 작은 수의 개수는 2개입니다.
그러므로 540보다 크고 650보다 작은 수는 모두 6 + 2 = 8개입니다.

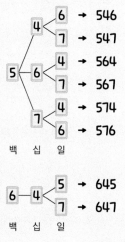

백　　십　　일

백　　십　　일

정답 : 8개

이 성당은 과거의 호수였던 곳에 세워졌기 때문에 지반이 약해져 서서히 내려앉고 있어! 그래서 추를 내려서 기울어진 정도를 알아보려고 있는거야~!

1. 숫자 카드로 수 만들기

문제

4장의 숫자 카드 중에서 3장의 숫자 카드를 뽑아 세 자리 수를 만들 때, 다섯 번째로 큰 수와 다섯 번째로 작은 수의 합을 구하세요.

Step 1   만들 수 있는 세 자리 수 중 가장 큰 수부터 아래 빈칸에 차례대로 쓰세요.

　□ - □ - □ - □ - □

Step 2   만들 수 있는 세 자리 수 중 가장 작은 수부터 아래 빈칸에 차례대로 쓰세요.

　□ - □ - □ - □ - □

Step 3   다섯 번째로 큰 수와 다섯 번째로 작은 수의 합은 얼마입니까?

풀이

Step 1 가장 큰 수인 6을 백의 자리에 놓고, 그 다음 큰 수인 5를 십의 자리에 놓고, 세 번째로 큰 수인 3을 일의 자리에 놓으면 653으로 가장 큰 세 자리 수가 됩니다.
아래와 같이 가장 큰 수를 적고 십의 자리 또는 일의 자리의 수를 바꿔가며 가장 큰 수보다 작은 수를 차례대로 적습니다.

| 653 | – | 652 | – | 635 | – | 632 | – | 625 |

Step 2 가장 작은 수인 2를 백의 자리에 놓고, 그 다음 작은 수인 3을 십의 자리에 놓고, 세 번째로 작은 수인 5를 일의 자리에 놓으면 235로 가장 작은 세 자리 수가 됩니다.
아래와 같이 가장 작은 수를 적고 십의 자리 또는 일의 자리의 수를 바꿔가며 가장 작은 수보다 큰 수를 차례대로 적습니다.

| 235 | – | 236 | – | 253 | – | 256 | – | 263 |

Step 3 위의 **Step 1** 과 **Step 2** 에 따라 다섯 번째로 큰 수와 다섯 번째로 작은 수는 각각 625와 263입니다.
따라서 두 수를 합한 값은 625 + 263 = 888입니다.

정답 : 888

확인하기 1 4장의 숫자 카드 중에서 3장을 골라 세 자리 수를 만들 때, 400에 가장 가까운 수를 구하세요.

확인하기 2 5장의 숫자 카드 중에서 2장을 골라 두 자리 수를 만들 때, 40보다 큰 수는 모두 몇 개입니까?

2. 숫자 카드로 수 만들기

이 자물쇠는 <조건>에 맞게 누르면 열린다고 합니다. 이 자물쇠를 열 때 누르는 수를 모두 찾아 맨 윗줄부터 차례대로 숫자를 적으세요.

조건

1. ㉠ 줄은 짝수를 눌러야 합니다.
2. ㉡ 줄은 7보다 작은 수를 눌러야 합니다.
3. 각 줄에서 한 개만 누르고 똑같은 숫자를 누를 수 없습니다.

Step 1 조건 **1**과 **2**에 따라 ㉠ 줄과 ㉡ 줄에서 누를 수 있는 수를 각각 구하세요.

Step 2 ㉠ 줄부터 ㉢ 줄까지 차례대로 누를 때, <조건>에 맞게 누를 수 있는 숫자를 나뭇가지 그림으로 나타낸 것입니다. 조건 **3**에 맞게 빈칸에 알맞은 숫자를 적으세요.

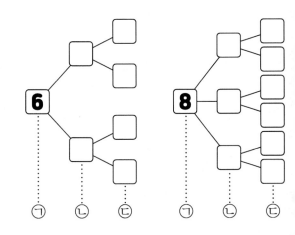

Step 3 자물쇠를 열 때 누르는 수를 모두 찾아 적으세요.

풀이

🔑 Step 1   조건 **1**에 따라 ㉠ 줄에서 누를 수 있는 수는 짝수이므로 6, 8입니다. 조건 **2**에 따라 ㉡ 줄에서 누를 수 있는 수는 7보다 작아야 하므로 1, 3, 6입니다.

🔑 Step 2   나뭇가지 그림과 같이 ㉠ 줄에서 6을 누를 때 와 8을 누를 때 두 가지로 나눠서 생각합니다.

    1. ㉠ 줄에서 6을 누를 때

       조건 **2**에 따라 ㉡ 줄에서는 1, 3, 6을 누릅니다. 조건 **3**에 따라 각 줄에서 똑 같은 수는 누를 수 없으므로 ㉡ 줄에서 6을 누르면 안되고 1, 3을 눌러야 합니다. ㉢ 줄에서는 다른 줄에서 선택하지 않 은 수를 누르면 됩니다.

    2. ㉠ 줄에서 8을 누를 때

       조건 **2**에 따라 ㉡ 줄에서는 1, 3, 6을 누릅니다. 조건 **3**에 따라 각 줄의 누르 는 수가 같지 않도록 합니다.

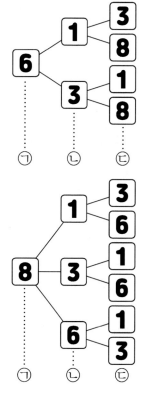

🔑 Step 3   🔑 Step 2 에서 나뭇가지 그림과 같이 맨 윗줄인 ㉠ 줄부터 ㉢ 줄까지 차례대로 수 를 적으면 613, 618, 631, 638, 813, 816, 831, 836, 861, 863입니다. 10개의 세 자리 수 중에 어떤 수를 눌러도 자물쇠가 열립니다.

정답 : 613, 618, 631, 638, 813, 816, 831, 836, 861, 863

자물쇠가 잠겨있을 때, 각 줄에서 숫자를 한 개만 누르고 똑같은 숫자를 누 를 수 있습니다. 자물쇠를 열 때 누르는 수를 모두 찾아 첫 번째 줄부터 차례 대로 숫자를 적고, 모두 몇 개인지 쓰세요.

………… 첫 번째 줄
………… 두 번째 줄
………… 세 번째 줄

01 4장의 숫자 카드 중에서 3장을 골라 세 자리 수를 만들 때, 〈조건〉에 만족하는 수를 모두 적으세요.

> **조건**
>
> **1.** 십의 자리에는 짝수를 놓아야 합니다.
> **2.** 700보다 작은 수를 만들어야 합니다.

02 4장의 숫자 카드 중에서 3장을 골라 세 자리 수를 만들 때, 네 번째로 큰 수와 네 번째로 작은 수의 차를 구하세요.

03 숫자 카드가 두 줄로 나열되어 있을 때, 각 줄에서 숫자를 한 개씩만 선택하고 똑같은 숫자 카드를 선택할 수 있습니다. 첫 번째 줄에서 선택한 수부터 차례대로 적을 때, 만들 수 있는 두 자리 수는 모두 몇 개입니까?

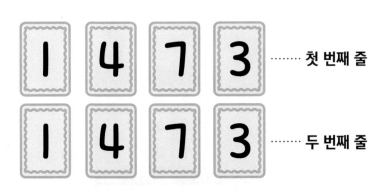

04 4장의 숫자 카드 중에서 2장을 골라 만들 수 있는 두 자리 짝수를 모두 적으세요.

05 4장의 숫자 카드 중에서 3장을 골라 만들 수 있는 세 자리 수는 모두 몇 개입니까?

06 4장의 숫자 카드 중에서 3장을 골라 세 자리 수를 만들 때, 400보다 큰 수는 모두 몇 개입니까?

07 5장의 숫자 카드 중에서 2장을 골라 만들 수 있는 두 자리 짝수는 모두 몇 개입니까?

08 무우가 0부터 9까지 서로 다른 숫자가 적힌 숫자 카드 중에 5장의 숫자 카드로 세 자리 수를 만들려고 합니다. 만들 수 있는 수들 중에서 세 번째로 작은 세 자리 수가 236일 때, 5장의 숫자 카드에 적힌 수를 모두 구하세요.

09 4장의 숫자 카드를 한 번씩만 사용하여 네 자리 수를 만들려고 합니다. 만들 수 있는 네 자리 수는 모두 몇 개인지 구하세요.

10 7장의 숫자 카드 중에서 3장을 골라 세 자리 수를 만들 때, <조건>을 만족하는 수는 모두 몇 개인지 구하세요.

조건

1. 백의 자리의 수는 일의 자리 수보다 2만큼 더 큽니다.

2. 350보다 큰 수를 만들어야 합니다.

3. 십의 자리에는 짝수만 놓아야 합니다.

01 각 면에 숫자 1, 1, 4, 4, 7, 7이 적힌 주사위를 3번 던져 나온 숫자를 순서대로 적어 세 자리 수를 만들려고 합니다. 만들 수 있는 수들 중에 400보다 큰 홀수는 모두 몇 개인지 구하세요.

02 0부터 9까지 적힌 숫자 카드가 한 장씩 있을 때, 각 자리 숫자가 모두 다른 세 자리 수를 만들려고 합니다. 작은 수부터 차례대로 나열했을 때, 165는 몇 번째 수인지 구하세요.

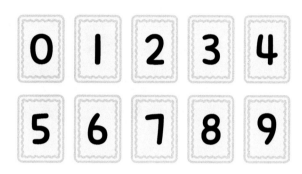

03 각 면에 숫자 0부터 5까지 쓰여 있는 주사위를 3번 던져서 나온 숫자를 순서대로 적어 세 자리 수를 만들려고 합니다. 만들 수 있는 수들 중에 350보다 큰 세 자리 수는 모두 몇 개인지 구하세요.

04 0부터 9까지 적힌 숫자 카드가 한 장씩 있습니다. 무우와 상상이가 각각 5장의 카드를 가져갔습니다. 무우가 5장의 카드 중 4장을 사용하여 만든 네 자리 수에서 두 번째로 작은 수가 2035이었습니다. 상상이가 5장의 카드 중 4장을 사용하여 만든 네 자리 수에서 두 번째로 큰 수를 구하세요.

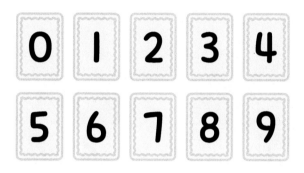

01 세 주머니에 다른 숫자가 적혀 있는 숫자 구슬이 각각 3, 4, 3개씩 들어있습니다. 각 주머니에서 한 개씩 숫자 구슬을 꺼내서 세 자리 수를 만들려고 합니다. 각 주머니는 세 자리 수의 자릿수가 정해져 있습니다. 각 주머니에서 서로 다른 숫자 구슬로 만들 수 있는 세 자리 짝수는 모두 몇 개인지 구하세요.

<백의 자리>   <십의 자리>   <일의 자리>

02
창의융합문제

석판 4개가 일렬로 전시되어 있습니다. 각 석판에는 서로 다른 한 개씩 숫자가 적혀있었는데 4개의 석판 모두 숫자가 흐려져 보이지 않습니다.

안내판에 적힌 〈조건〉을 보고 첫 번째 석판부터 차례로 숫자를 적어보았습니다. 과연 무우는 몇 개의 네 자리 수를 적을 수 있을까요?

조건

1. 첫 번째 석판에 적힌 수부터 차례대로 적을 때, 3000보다 크고 6000보다 작은 수를 적습니다.

2. 첫 번째 석판에 적힌 수부터 차례대로 적을 때, 네 자리 수에서 (천의 자리 수) > (백의 자리 수) > (십의 자리 수) > (일의 자리 수) 가 됩니다.

멕시코에서 첫째 날 모든 문제 끝~!
과나후아토로 이동하는 무우와 친구들에게 어떤 일이 일어날까요?

숫자를 세는 법?

우리가 일반적으로 사용하고 있는 숫자와 수가 있습니다.

숫자는 0, 1, 2, 3, 4, 5, 6, 7, 8, 9입니다.

수는 숫자와 자릿수를 이용하여 만든 수입니다.

아주 오래전에 숫자를 모르는 부족이 있었습니다.

이 부족은 어떻게 물건의 개수를 셀까요?

수박 3개와 사과 5개가 있을 때, 이 부족은 숫자를 모르기 때문에 수박과 사과의 개수를 비교할 수 없었습니다. 그래서 땅에 굴러다니는 돌멩이 한 개와 수박 한 개를 연결하고 똑같이 돌멩이 한 개와 사과 한 개를 짝지었습니다. 이 부족은 숫자와 수를 몰라도 돌멩이를 보고 수박보다 사과가 더 많은 것을 알 수 있었습니다.

수를 모르던 부족들은 작은 돌멩이 외에도 아래와 같이 나무 막대기에 선을 그어 새김눈을 만들거나 손과 같이 자신의 몸으로 간단하게 수를 셀 수 있었습니다.

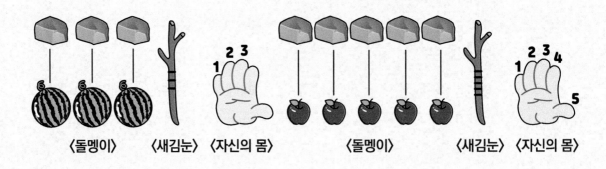

〈돌멩이〉　〈새김눈〉　〈자신의 몸〉　　　　〈돌멩이〉　　　〈새김눈〉　〈자신의 몸〉

2. 수와 숫자의 개수

멕시코
Mexico

✈ 멕시코 둘째 날 DAY 2

무우와 친구들은 멕시코에 도착한 둘째 날, <멕시코시티>
에서 <과나후아토>로 이동했어요. 이곳에서는 무엇이
무우와 친구들을 기다리고 있을지 떠나 볼까요?
<과나후아토 대학>에서 재밌는 수학 문제를 풀어보아요!
출발~!

1. 수의 개수 구하기

▶ 1, 2, 3, 4, 5, 6, … 과 같이 1씩 커지는 수를 연속하는 수라고 합니다.

<연속하는 수의 개수 구하는 방법>

1. 1부터 □까지 연속하는 수의 개수 = □개입니다.

   예 1부터 30까지 연속하는 수의 개수는 30개입니다.

2. (△부터 □까지 연속하는 수의 개수) = (1부터 □까지 수의 개수) - (1부터 (△ - 1)까지 수의 개수) 개입니다.

   예 20부터 50까지 연속하는 수의 개수 = (1부터 50까지 수의 개수) - (1부터 19까지 수의 개수) = 50 - 19 = 31개 입니다.

2. 숫자의 개수 구하기

<숫자의 개수 구하는 방법>

숫자는 0, 1, 2, 3, 4, 5, 6, 7, 8, 9로 총 10개입니다.

1. (한 자리 수의 숫자의 개수) = (한 자리 수의 개수) × 1

> **예** 4부터 9까지 적을 때, 수의 개수는 4, 5, 6, 7, 8, 9로 총 6개입니다. 적는 숫자의 개수는 똑같이 4, 5, 6, 7, 8, 9로 총 6개입니다. 따라서 4부터 9까지 숫자의 개수는 6 × 1 = 6개입니다.

2. (두 자리 수의 숫자의 개수) = (두 자리 수의 개수) × 2입니다.

> **예** 10부터 13까지 적을 때, 수의 개수는 10, 11, 12, 13으로 총 4개입니다. 적는 숫자의 개수는 1, 0, 1, 1, 1, 2, 1, 3으로 총 8개입니다. 따라서 10부터 13까지 숫자의 개수는 4 × 2 = 8개입니다.

3. (세 자리 수의 숫자의 개수) = (세 자리 수의 개수) × 3입니다.

> **예** 100부터 104까지 적을 때, 수의 개수는 100, 101, 102, 103, 104로 총 5개입니다. 적는 숫자의 개수는 1, 0, 0, 1, 0, 1, 1, 0, 2, 1, 0, 3, 1, 0, 4로 총 15개입니다. 따라서 100부터 104까지 숫자의 개수는 5 × 3 = 15개입니다.

4. 7부터 13까지 적을 때, 수에서 (한 자리 수의 개수)는 7, 8, 9로 3개이고 (두 자리 수의 개수)는 10, 11, 12, 13으로 4개이므로 수의 개수는 총 7개입니다. 7부터 13까지의 적는 숫자의 개수는 (한 자리 수의 개수) × 1 + (두 자리 수의 개수) × 2 = 3 × 1 + 4 × 2 = 3 + 8 = 11개입니다.

5. 97부터 103까지 적을 때, 수에서 (두 자리 수의 개수)는 97, 98, 99로 3개이고 (세 자리 수의 개수)는 100, 101, 102, 103으로 4개이므로 수의 개수는 총 7개입니다. 97부터 103까지 적는 숫자의 개수는 (두 자리 수의 개수) × 2 + (세 자리 수의 개수) × 3 = 3 × 2 + 4 × 3 = 6 + 12 = 18개입니다.

정답

무우는 1부터 113까지 숫자의 개수를 구해야 합니다. 먼저 한 자리 수인 1부터 9까지인 수의 개수와 두 자리 수인 10부터 99까지 수의 개수와 세 자리 수인 100부터 113까지 수의 개수를 각각 구합니다.

<1부터 113까지 수의 개수>
한 자리 수인 1부터 9까지 수의 개수는 9개입니다.
두 자리 수인 10부터 99까지 수의 개수 = (1부터 99까지 수의 개수) – (1부터 9까지 수의 개수)
= 99 – 9 = 90개입니다.
세 자리 수인 100부터 113까지 수의 개수 = (1부터 113까지 수의 개수) – (1부터 99까지 수의 개수)
= 113 – 99 = 14개입니다.

<1부터 113까지 숫자의 개수>
(한 자리 수의 숫자의 개수) = (한 자리 수의 개수) × 1이므로 1부터 9까지 숫자의 개수는 9개입니다.
(두 자리 수의 숫자의 개수) = (두 자리 수의 개수) × 2이므로 10부터 99까지 숫자의 개수는 90 × 2 = 180개입니다.
(세 자리 수의 숫자의 개수) = (세 자리 수의 개수) × 3이므로 100부터 113까지 숫자의 개수는 14 × 3 = 42개입니다.
1부터 113까지 숫자의 개수는 총 9 + 180 + 42 = 231개입니다. 따라서 무우가 본 숫자의 개수는 총 231개입니다.

1. 수의 개수 구하기

🔑 Step 1 　무우가 처음에 가지고 있던 구슬의 개수는 모두 몇 개일까요?

🔑 Step 2 　상상이, 알알, 제이가 가져간 구슬의 개수는 각각 몇 개일까요?

🔑 Step 3 　나중에 무우가 가지고 있는 구슬의 개수는 모두 몇 개일까요?

Step 1 처음에 무우는 1부터 100까지 연속된 수가 적힌 구슬을 가지고 있었습니다. 구슬의 개수는 1부터 100까지 수의 개수와 같습니다. 따라서 무우가 처음에 가지고 있던 구슬의 개수는 100개입니다.

Step 2 세 명의 친구들이 가져간 구슬을 각각 구합니다.

1. 상상이는 56부터 62까지 연속된 수가 적힌 구슬을 가져갔습니다. 상상이가 가져간 구슬의 개수는 56부터 62까지 수의 개수와 같습니다.

(56부터 62까지 수의 개수) = (1부터 62까지 수의 개수) − (1부터 55까지 수의 개수) = 62 − 55 = 7개입니다.
따라서 상상이는 7개의 구슬을 가져갔습니다.

2. 알알이는 25부터 40까지 연속된 수가 적힌 구슬을 가져갔습니다. 알알이가 가져간 구슬의 개수는 25부터 40까지 수의 개수와 같습니다.

(25부터 40까지 수의 개수) = (1부터 40까지 수의 개수) − (1부터 24까지 수의 개수) = 40 − 24 = 16개입니다.
따라서 알알이는 16개의 구슬을 가져갔습니다.

3. 제이는 78부터 94까지 연속된 수가 적힌 구슬을 가져갔습니다. 제이가 가져간 구슬의 개수는 78부터 94까지 수의 개수와 같습니다.

(78부터 94까지 수의 개수) = (1부터 94까지 수의 개수) − (1부터 77까지 수의 개수) = 94 − 77 = 17개입니다.
따라서 제이가 가져간 구슬의 개수는 17개입니다.

Step 3 처음에 무우가 갖고 있던 구슬의 개수에서 세 명의 친구들이 가져간 구슬의 총개수를 합한 값을 빼면 나중에 무우가 가지게 되는 구슬의 개수가 됩니다. 따라서 마지막에 무우가 가진 구슬의 개수는 100 − (7 + 16 + 17) = 100 − 40 = 60개입니다.

정답 : 60개

71보다 크고 96보다 작은 수의 개수를 모두 구하세요.

두 주머니에는 각각 21부터 49까지 연속된 수로 적힌 구슬과 80부터 110까지 연속된 수로 적힌 구슬이 들어있습니다. 두 주머니 안에 들어있는 구슬의 개수는 모두 몇 개입니까?

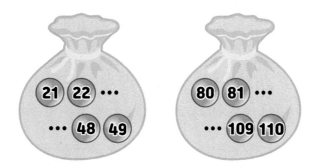

2. 숫자의 개수 구하기

1부터 120까지 연속된 수에서 숫자 3이
모두 몇 번 나오는지 구하세요.

Step 1   1부터 120까지 수 중에서 숫자 3이 일의 자리에 나오는 수를 모두 쓰세요.

> **3, 13,**

Step 2   1부터 120까지 수 중에서 숫자 3이 십의 자리에 나오는 수를 모두 쓰세요.

> **30, 31,**

Step 3   1부터 120까지 수에서 숫자 3은 모두 몇 번 나옵니까?

Step 1 두 자리 수일 때, 숫자 3이 일의 자리에 오는 경우는 십의 자리에 0부터 9까지 올 수 있습니다. 세 자리 수일 때, 숫자 3이 일의 자리에 오는 경우는 103과 113이 있습니다. 따라서 숫자 3이 일의 자리에 오는 수는 총 12개입니다.

> **3, 13, 23, 33, 43, 53, 63, 73, 83, 93, 103, 113**

Step 2 숫자 3이 십의 자리에 오는 경우는 두 자리 수밖에 없습니다. 따라서 숫자 3이 십의 자리에 오는 수는 총 10개입니다.

> **30, 31, 32, 33, 34, 35, 36, 37, 38, 39**

Step 3 33은 일의 자리와 십의 자리에 모두 3이 있으므로 숫자 3을 2개 사용한 것입니다. 위 **Step 1** 과 **Step 2** 에 따라 1부터 120까지 수에서 숫자 3은 총 12 + 10 = 22개가 나옵니다.

정답 : 22개

49부터 89까지 연속된 수를 적을 때, 숫자 5는 모두 몇 번 적는지 구하세요.

20부터 90까지 연속된 수를 적을 때, 숫자 1과 0을 모두 몇 번 적는지 구하세요.

무우는 50부터 150까지 연속하는 수를 적었습니다. 이때 무우가 적는 숫자의 개수를 모두 구하세요.

01 무우는 5부터 90까지 연속된 수가 적힌 숫자 카드를 가지고 있습니다. 상상이는 무우가 가지고 있는 숫자 카드 중 21부터 53까지 연속된 수가 적힌 숫자 카드를 가져갔습니다. 상상이가 가져간 후, 무우가 가진 숫자 카드에서 숫자 5는 모두 몇 번 나오는지 구하세요.

02 무우는 1번부터 7번까지 연속된 수가 적힌 연필 7자루를 상상이에게 선물하고 나머지 연필 45자루를 8번부터 차례대로 번호를 적었습니다. 무우가 마지막에 적는 번호는 몇 번일까요?

03 1부터 50까지 연속된 수를 적을 때, 숫자 4와 5와 6을 각각 몇 번 적는지 구하세요.

04 2쪽부터 31쪽까지 적혀있는 책에서 왼쪽 페이지에 적힌 수는 몇 개일까요?

05 30부터 100까지 연속된 수를 적을 때, 5가 들어가는 수는 모두 몇 개인지 구하세요.

06 100부터 200까지 연속된 수를 적을 때, 숫자 0을 모두 몇 번 적는지 구하세요.

07 300부터 500까지 연속된 수를 적을 때, 숫자 4가 두 번만 들어가는 세 자리 수는 모두 몇 개인지 구하세요.

08 무우는 책을 60쪽부터 책을 읽기 시작했습니다. 무우가 읽은 쪽수의 숫자 개수가 모두 113개일 때, 무우는 몇 쪽까지 읽었을지 구하세요.

09 97부터 135까지 연속된 수를 적을 때, 가장 많이 적는 숫자와 가장 적게 적는 숫자의 개수의 차이를 구하세요.

10 500부터 1000까지 짝수만을 모두 적었을 때, 숫자 3을 모두 몇 번 적는지 구하세요.

01 70부터 300까지 연속된 수들 중에 홀수는 모두 몇 개인지 구하고 홀수들을 모두 적었을 때, 적는 숫자의 개수를 구하세요.

02 무우는 오른쪽 그림과 같은 디지털 시계를 보았습니다. 디지털 시계에서 11 : 00부터 12 : 00까지 한 시간 동안 숫자 2가 모두 몇 번 표시되는지 구하세요.

03 무우가 아래와 같이 1부터 차례대로 연속된 수를 적을 때, 10번째 적는 숫자가 1 입니다. 그렇다면 100번째 적는 숫자는 무엇인지 구하세요.

> **1 2 3 4 5 6 7 8 9 1 0 1 1 1 2 1 3** …
>
> ↑
> **10번째 숫자**

04 무우가 0부터 9까지 여러 장의 숫자 카드를 가지고 있었습니다. 그중 숫자 카드 6이 없어서 △ 카드로 바꿔서 1부터 어떤 수까지 차례대로 연속된 수를 만들었습니다. △ 카드를 총 27번 사용했을 때, 무우가 어떤 수까지 만들었을지 구하세요.

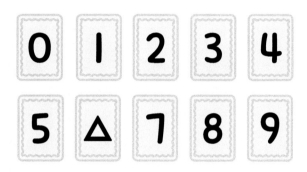

01 무우와 친구들은 고층 건물의 엘리베이터를 탔습니다. 무우는 이 엘리베이터에 각 층수가 적힌 버튼을 보고 놀랐습니다. 그 이유는 이 고층 건물의 층수는 1, 2, 3, 5, 6, 7, 8, 9, 11, 12, 13, 15, 16, 17 …과 같이 숫자 0과 4가 들어간 수가 없기 때문입니다. 무우가 엘리베이터에서 가장 높은 층수에 123이 적혀있는 것을 보았을 때 이 건물은 몇 층일지 구하세요.

02
창의융합문제

과나후아토에서 "세르반티노 국제 페스티벌" 이 열립니다. 세계 곳곳에서 연극, 무용 등 다양한 퍼포먼스를 잘하는 사람들이 모여 공연을 합니다. 한 직원이 각 국에서 온 1000명의 참가자에게 1번부터 1000번까지의 명찰을 줬습니다. 1000 명의 참가자는 모두 명찰을 매고 있습니다. 이 중에서 숫자 1과 숫자 9가 모두 포함된 명찰만 한국에서 온 참가자들에게 줬습니다. 페스티벌에 참가한 사람 중에 한국에서 온 참가자는 모두 몇 명인지 구하세요.

멕시코에서 둘째 날 모든 문제 끝~!
와하까로 이동하는 무우와 친구들에게 어떤 일이 일어날까요?

자연수의 개수?

자연수는 가장 자연스러운 수라는 뜻에서 붙여진 이름입니다. 우리 생활 속에서 사물의 개수를 세거나 순서를 매길 때 사용됩니다.

자연수는 1부터 시작하여 1씩 커지는 수로 1, 2, 3, 4, 5, 6, 7, 8 …입니다. 자연수 안에는 홀수 1, 3, 5, 7 … 와 짝수 2, 4, 6, 8 … 가 있습니다.

그렇다면 자연수, 짝수, 홀수의 개수는 모두 몇 개일까요?

일반적으로 홀수와 짝수를 합친 것이 자연수이므로 자연수가 가장 많다고 생각할 수 있습니다. 하지만 자연수, 짝수, 홀수의 개수는 각각 한없이 커지는 무한대입니다.

무한대란? 수가 아닌 "한없이 커지는 상태"입니다.

따라서 자연수, 짝수, 홀수의 개수는 무한대(∞)입니다.

3. 연속하는 자연수

멕시코
Mexico

멕시코 셋째 날 DAY 3

무우와 친구들은 멕시코에 도착한 셋째 날, <과나후아토>
에서 <와하까>로 이동했어요. 이곳에서는 무엇이
무우와 친구들을 기다리고 있을지 떠나 볼까요?
<와하까 공항>에서 어서 출발해 보아요~!

1. 연속하는 자연수의 합

1. 연속하는 자연수의 개수가 홀수일 때

(연속하는 자연수의 합) = (중간 수) × (연속하는 자연수의 개수)

예 4부터 8까지 연속하는 수 5개를 적었을 때, 모든 연속하는 자연수의 합은?

4, 5, 6, 7, 8에서 중간 수는 6이고 나머지 4, 5, 7, 8을 두 수씩 합이 같도록 짝을 연결합니다. 4와 8, 5와 7의 두 수의 합은 $6 × 2 = 12$가 됩니다. 따라서 모든 연속하는 자연수의 합은 $6 + 6 + 6 + 6 + 6 = 6 × 5 = 30$입니다.

중간 수

$4 + 8 = 12 = ⑥ × 2$　　　　홀수 개 = 5개
↑

$$4 + 5 + ⑥ + 7 + 8 = ⑥ × 5 = 30$$

중간 수

$5 + 7 = 12 = ⑥ × 2$
↓
중간 수

2. 연속하는 자연수의 개수가 짝수일 때

(연속하는 자연수의 합) = (처음 수와 마지막 수의 합) × (쌍의 개수)

= (연속하는 중간 두 수의 합) × (쌍의 개수)

예 1부터 6까지 연속하는 수 6개를 적었을 때, 모든 연속하는 자연수의 합은?

1, 2, 3, 4, 5, 6에서 두 수씩 짝지어 합하면 7입니다. 짝지은 쌍의 개수는 모두 3개입니다. 쌍의 개수는 연속하는 자연수 개수의 절반입니다. 따라서 모든 연속하는 자연수의 합은 7 + 7 + 7 = 7 × 3 = 21입니다.

$$1 + 2 + 3 + 4 + 5 + 6 = (1 + 6) \times 3 = (3 + 4) \times 3 = 21$$

1 + 6 = 7

3 + 4 = 7

2 + 5 = 7

쌍의 개수 = 3개

처음 수와 마지막 수의 합

중간 두 수의 합

3. (연속하는 자연수의 합)과 (연속하는 자연수의 개수)를 알 때, 합으로 나타내는 방법

① 연속수의 개수가 홀수일 때

(연속하는 자연수의 합) = (중간 수) × (연속하는 자연수의 개수)에서 (중간 수)를 먼저 구한 후, (연속하는 자연수의 개수)만큼 연속하는 자연수를 적습니다.

② 연속수의 개수가 짝수일 때

(쌍의 개수) = (연속하는 자연수의 개수) ÷ 2입니다.

(연속하는 자연수의 합) = (연속하는 중간 두 수의 합) × (쌍의 개수)에서 (중간 두 수의 합)을 먼저 구한 후, (쌍의 개수)만큼 연속하는 자연수를 적습니다.

정답

필요한 초콜릿은 총 45g이므로 연속하는 자연수의 합이 45가 되어야 합니다.
상상이는 연속하는 자연수의 개수가 5개이고 무우는 연속하는 자연수의 개수가 6개입니다.
1. 상상이는 연속하는 자연수의 개수가 5개이므로 홀수입니다.
   (연속하는 자연수의 합) = (중간 수) × (연속하는 자연수의 개수)에서 (중간 수)를 □로 놓습니다.
   45 = □ × 5이므로 □가 9일 때 5와 곱하면 45가 됩니다. (중간 수)는 9입니다. 연속하는 자연수의 개수가 총 5개이므로 (중간 수)인 9보다 작은 수 7, 8과 9보다 큰 수 10, 11을 적습니다.
   7 + 8 + 9 + 10 + 11을 계산하면 45가 되므로 상상이는 7g부터 11g까지 연속된 무게의 초콜릿 조각 5개를 선택하면 됩니다.
2. 무우는 연속하는 자연수의 개수가 6개이므로 짝수입니다. (쌍의 개수) = (연속하는 자연수의 개수) ÷ 2이므로 (쌍의 개수) = 6 ÷ 2 = 3개입니다.
   (연속하는 자연수의 합) = (연속하는 중간 두 수의 합) × (쌍의 개수)에서 (연속하는 중간 두 수의 합)를 △로 놓습니다.
   45 = △ × 3입니다. △가 15일 때 3과 곱하면 45가 됩니다. (연속하는 중간 두 수의 합)은 15입니다. 합이 15가 되는 연속되는 두 수는 7과 8밖에 없습니다. 연속하는 자연수가 6개이므로 7보다 작은 수 5, 6과 8보다 큰 수 9, 10을 적습니다.
   5 + 6 + 7 + 8 + 9 + 10을 계산하면 45가 되므로 무우는 5g부터 10g까지 연속된 무게의 초콜릿 조각 6개를 선택하면 됩니다.

1. 짝지어 합 구하기

Step 1   아래 식에서 합이 같도록 두 수를 짝지으세요.

$$11 + 13 + 15 + 17 + 19 + 21 = ?$$

Step 2   위 식에서 짝지은 쌍의 개수를 이용하여 계산 결과를 구하세요.

풀이

Step 1 11, 13, 15, 17, 19, 21은 연속하는 홀수입니다. 아래 〈그림〉과 같이 두 수를 짝지어 합이 같도록 연결합니다. 11과 21, 13과 19, 15와 17을 묶으면 모두 합이 32입니다.

11 + 21 = 32

11 + 13 + 15 + 17 + 19 + 21

15 + 17 = 32

13 + 19 = 32

〈그림〉

Step 2 11 + 13 + 15 + 17 + 19 + 21에서 짝지은 쌍의 개수는 총 3개입니다.
따라서 합이 32인 쌍이 3개이므로 연속하는 홀수의 합은 32 × 3 = 96입니다.

정답 : 96

확인하기 1

처음 수가 6이고 마지막 수가 22일 때, 합을 구하세요.

$$6 + 10 + 14 + 18 + 22 = \, ?$$

확인하기 2

처음 수가 2이고 마지막 수가 23일 때, 합을 구하세요.

$$2 + 5 + 8 + 11 + 14 + 17 + 20 + 23 = \, ?$$

2. 연속수의 합으로 나타내기

70 = ☐ + ☐ + ☐ + ☐

70 = ☐ + ☐ + ☐ + ☐ + ☐

70 = ☐ + ☐ + ☐ + ☐ + ☐ + ☐ + ☐

Step 1 아래 빈칸의 개수는 연속하는 자연수의 개수와 같습니다. 연속하는 자연수를 두 수씩 짝지어 쌍의 개수를 구한 후 빈칸에 알맞은 수를 적으세요.

70 = ☐ + ☐ + ☐ + ☐

Step 2 아래 빈칸의 개수는 연속하는 자연수의 개수와 같습니다. 연속하는 자연수의 개수가 홀수일 때, 중간 수를 구한 후 빈칸에 알맞은 수를 적으세요.

70 = ☐ + ☐ + ☐ + ☐ + ☐

70 = ☐ + ☐ + ☐ + ☐ + ☐ + ☐ + ☐

Step 1 연속하는 자연수의 개수가 4개이므로 짝수입니다.

두 수씩 짝을 지으면 (쌍의 개수) = (연속하는 자연수의 개수) ÷ 2 = 4 ÷ 2 = 2개입니다.

(연속하는 자연수의 합) = (연속하는 중간 두 수의 합) × (쌍의 개수)에서 (연속하는 중간 두 수의 합)을 □로 놓습니다.

70 = □ × 2이므로 □가 35일 때 2와 곱하면 70이 됩니다. (연속하는 중간 두 수의 합)은 35입니다. 연속하는 두 수의 합이 35가 되려면 17과 18이 있습니다. 17보다 작은 수 16과 18보다 큰 수 19를 빈칸에 적습니다.

따라서 70 = 16 + 17 + 18 + 19로 연속하는 자연수 4개로 적습니다.

Step 2 연속하는 자연수의 개수가 5개와 7개이므로 홀수입니다.

(연속하는 자연수의 합) = (중간 수) × (연속하는 자연수의 개수)에서 (중간 수)를 △로 놓습니다.

1. 연속하는 자연수의 개수가 5개일 때, 70 = △ × 5이므로 △가 14일 때 5와 곱하면 70이 됩니다. (중간 수)는 14입니다. (중간 수)인 14보다 작은 수 12, 13과 14보다 큰 수 15, 16을 빈칸에 적습니다.

따라서 70 = 12 + 13 + 14 + 15 + 16으로 연속하는 자연수 5개로 적습니다.

2. 연속하는 자연수의 개수가 7개일 때, 70 = △ × 7이므로 △가 10일 때 7과 곱하면 70이 됩니다. (중간 수)는 10입니다. (중간 수)인 10보다 작은 수 7, 8, 9와 10보다 큰 수 11, 12, 13을 빈칸에 적습니다.

따라서 70 = 7 + 8 + 9 + 10 + 11 + 12 + 13으로 연속하는 자연수 7개로 적습니다.

정답 : 70 = 16 + 17 + 18 + 19,
70 = 12 + 13 + 14 + 15 + 16,
70 = 7 + 8 + 9 + 10 + 11 + 12 + 13

35를 2개, 5개, 7개의 연속하는 자연수의 합으로 각각 나타내세요.

01 7일 동안 무우는 매일 8장씩 수학 문제집을 풀었고 상상이는 월요일에는 1장, 화요일에는 3장, 수요일에는 5장으로 매일 2장씩 늘려가며 수학 문제집을 풀었습니다. 7일 동안 무우와 상상이 중 수학 문제집을 누가 몇 장 더 풀었을까요?

02 덧셈식의 계산 결과를 구하세요.

$$38 + 42 + 40 + 39 + 43 + 37 + 44 + 41 = ?$$

03 무우는 오른쪽 그림과 같이 1부터 12까지 적혀있는 시계를 보았습니다. 이 시계에 적힌 수를 모두 합한 값은 얼마인지 구하세요.

04 식을 계산하세요.

$$(2 + 4 + 6 + 8 + 10 + 12) - (1 + 3 + 5 + 7 + 9 + 10) = ?$$

05 2, 4, 6, 8, 10과 같이 짝수만 차례대로 놓여 있는 것을 연속하는 짝수라고 합니다. 8부터 22까지 연속하는 짝수의 합을 구하세요.

$$8 + 10 + 12 + 14 + 16 + 18 + 20 + 22 = ?$$

06 무우는 초콜릿 30개를 상상, 알알, 제이에게 나누어 주었습니다. 무우가 상상이에게 준 초콜릿은 알알이에게 준 초콜릿보다 3개 더 많고 무우가 제이에게 준 초콜릿은 알알이에게 준 초콜릿보다 3개 더 적었습니다. 상상, 알알, 제이가 받은 초콜릿을 각각 몇 개일까요?

07 1, 3, 5, 7, 9와 같이 홀수만 차례대로 놓여 있는 것을 연속하는 홀수라고 합니다.
아래 빈칸에 84를 6개의 연속하는 홀수를 합으로 나타내세요.

$$84 = \boxed{} + \boxed{} + \boxed{} + \boxed{} + \boxed{} + \boxed{}$$

08 연속하는 3개의 두 자리 수에서 세 수의 십의 자리 숫자의 합이 7일 때, 연속하는 세 수의 합을 구하세요.

09 어느 해의 10월 달력입니다. 같은 요일에 있는 모든 수를 합한 값이 80일 때, 무슨 요일인지 구하세요.

10월

일	월	화	수	목	금	토
			1	2	3	4
5	6	7	8	9	10	11
12	13	14	15	16	17	18
19	20	21	22	23	24	25
26	27	28	29	30	31	

10 연속하는 7개의 자연수 중 짝수만의 합과 홀수만의 합의 차는 20입니다. 연속하는 7개의 자연수 중에 가장 작은 수와 가장 큰 수를 각각 구하세요.

01

60명까지 탈 수 있는 버스가 있습니다. 빈 버스로 출발하여 여러 정류장에서 승객을 태웁니다. 버스가 정류장에 도착하는 순서대로 승객 수가 연속하는 수로 늘어나 모두 60명을 태우려고 합니다. 가능한 몇 개의 정류장에서 각각 몇 명의 승객을 태워야 하는지 모두 구하세요. (단, 버스에 탑승한 승객은 내리지 않습니다.)

02 연속하는 5개의 자연수를 작은 수부터 나열한 후 앞의 3개의 수를 합한 값은 뒤의 2개의 수를 합한 값보다 10이 더 큽니다. 연속하는 5개의 자연수의 합을 구하세요.

03 위의 수부터 연속하는 4개의 자연수를 더한 식입니다. 빈칸에 들어갈 수 있는 숫자를 세 가지 방법으로 각각 적으세요.

$$
\begin{array}{r}
\square\,\square \\
\square\,\square \\
\square\,\square \\
+\ \square\,\square \\
\hline
2\ \ 3\ \square
\end{array}
\qquad
\begin{array}{r}
\square\,\square \\
\square\,\square \\
\square\,\square \\
+\ \square\,\square \\
\hline
2\ \ 3\ \square
\end{array}
$$

$$
\begin{array}{r}
\square\,\square \\
\square\,\square \\
\square\,\square \\
+\ \square\,\square \\
\hline
2\ \ 3\ \square
\end{array}
$$

04   90을 2개보다 많고 10개보다 적은 연속수의 합으로 모두 나타내세요.

01 무우는 상상, 알알, 제이에게 각각 1부터 9까지 숫자 카드 중 세 장씩을 줬습니다. 세 친구 중에 상상이는 〈보기〉와 같이 두 장의 숫자 카드로 31을 만들고 나머지 한 장으로 연속하는 수의 개수를 나타내 31 = 15 + 16을 만들었습니다. 알알, 제이도 상상이와 같은 방법으로 했습니다. 과연 알알이와 제이는 어떻게 연속하는 자연수의 합으로 나타냈을까요?

02

창의융합문제

과연 108개의 치즈 조각을 10명이 연속된 개수로 가져갈 수 있을까요? 만약 10명 모두 가져갈 수 없다면 10명보다 적은 사람들에게 연속된 개수로 나눠 줄 때, 한 명이 가장 많이 가져가게 되는 경우는 몇 개를 가져갈까요? (단, 한 명이 모두 108개를 가져갈 수 없습니다.)

멕시코에서 셋째 날 모든 문제 끝~!
산 크리스토발 데 라스 까사스 로 이동하는 무우와 친구들에게 어떤 일이 일어날까요?

고대 이집트 곱셈 방법

기원전 1700년경의 고대 이집트인들이 계속해서 두 배를 하는 과정과 덧셈을 합쳐서 곱셈이 나오게 되었습니다. 22 × 14를 고대 이집트인의 곱셈 방법으로 계산해 볼까요?

1. 곱해지는 수는 22이고 곱하는 수는 14입니다. 오른쪽 표와 같이 맨 첫 줄에 1과 곱하는 수 14를 적고 아래로 내려갈수록 2씩 곱한 수를 적습니다.

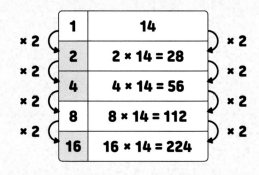

2. 왼쪽 줄에서 여러 수를 더해서 곱해지는 수 22를 만들 수 있는 수들을 파란색으로 색칠합니다. 2 + 4 + 16 = 22입니다.

3. 2의 오른쪽 수인 2 × 14 = 28, 4의 오른쪽 수인 4 × 14 = 56, 16의 오른쪽 수인 16 × 14 = 224를 모두 더합니다. 따라서 28 + 56 + 224 = 308이므로 22 × 14 = 308입니다.

오늘날에는 2 × 14 + 4 × 14 + 16 × 14 = (2 + 4 + 16) × 14 = 22 × 14로 바꿔서 계산할 수 있습니다.
이와 같은 방법으로 48 × 15를 고대 이집트인의 곱셈 방법으로 해보세요.

정답 및 풀이 P.22

4. 가장 크게, 가장 작게

멕시코
Mexico

과나후아토 ★
멕시코시티 ★
와하까 ★ ★ 산 크리스토발 데
라스 까사스

멕시코 넷째 날 DAY 4

무우와 친구들은 멕시코에 도착한 넷째 날, <와하까>에서
<산 크리스토발 데 라스 까사스>로 이동했어요.
멋진 장소도 보고 재미있는 쇼핑도 하러 가볼까요?
우선 <산토도 밍고 시장>으로 이동해 보아요!

1. 가장 큰, 가장 작은 합과 차 만들기

<6장의 숫자 카드로 두 개의 (세 자리 수)를 만들 때>

1. (세 자리 수) + (세 자리 수)

① 합이 가장 클 때 : 세 자리 수의 백의 자리에는 가장 큰 숫자 카드를 놓고 일
의 자리에는 가장 작은 숫자를 놓습니다.

② 합이 가장 작을 때 : 세 자리 수의 백의 자리에 가장 작은 숫자 카드를 놓고 일의 자리에는 가장 큰 숫자를 놓습니다. 단, 백의 자리에 0은 올 수 없습니다.

2. (세 자리 수) - (세 자리 수)

① 차가 가장 클 때 : 가장 큰 (세 자리 수)와 가장 작은 (세 자리 수)를 만들어 큰 세 자리 수에서 작은 세 자리 수를 빼면 됩니다.

② 차가 가장 작을 때 : ㉠㉡㉢ - ㉣㉤㉥인 경우 차가 가장 작은 두 숫자를 찾고 그 중 큰 숫자를 ㉠, 작은 숫자를 ㉣에 놓습니다. 남은 숫자 카드로 ㉤㉥ - ㉡㉢을 가장 크게 만드는 경우를 찾습니다. 차가 여러 가지 경우가 있다면 비교해야 합니다.

2. 가장 큰 , 가장 작은 곱 만들기

<숫자 카드로 (세 자리 수) × (한 자리 수)를 만들 때>

1. 곱이 가장 클 때 : (한 자리 수)에 가장 큰 숫자를 놓고 나머지 숫자 카드로 가장 큰 (세 자리 수)를 만듭니다.

2. 곱이 가장 작을 때 : (한 자리 수)에 가장 작은 숫자를 놓고 나머지 숫자 카드로 가장 작은 (세 자리 수)를 만듭니다.

<숫자 카드로 (두 자리 수) × (두 자리 수)를 만들 때>

1. 곱이 가장 클 때 : ㉠㉡ × ㉢㉣인 경우 숫자 카드 중에 가장 큰 숫자와 두 번째로 큰 숫자를 각각 ㉠과 ㉢에 놓고 세 번째로 큰 숫자를 ㉣에 놓고 네 번째로 큰 숫자를 ㉡에 놓습니다.

2. 곱이 가장 작을 때 : ㉠㉡ × ㉢㉣인 경우 숫자 카드 중에 가장 작은 숫자와 두 번째로 작은 숫자를 각각 ㉠과 ㉢에 놓고 세 번째로 작은 숫자를 ㉡에 놓고 가장 큰 숫자를 ㉣에 놓습니다.

정답

1. 계산 결과 가장 큰 값이 나오는 식은 주어진 숫자 카드로 가장 큰 세 자리 수를 만든 후 나머지 숫자로 만들 수 있는 가장 작은 두 자리 수를 만들어야 합니다.
주어진 5개의 숫자로 가장 큰 세 자리 수를 만들면 865이고 나머지 0과 3으로 만들 수 있는 두 자리 수는 30 밖에 없습니다.
가장 큰 값이 되는 뺄셈식은 865 - 30 = 835입니다.

2. 계산 결과 가장 작은 값이 나오는 식은 가장 작은 세 자리 수를 만든 후 나머지 숫자로 가장 큰 두 자리 수를 만들어야 합니다. 주어진 5개의 숫자로 가장 작은 세 자리 수는 305이고 나머지 6과 8로 가장 큰 두 자리 수인 86을 만듭니다.
가장 작은 값이 되는 뺄셈식은 305 - 86 = 219입니다.
따라서 무우는 계산 결과 값이 가장 클 때인 865 - 30 = 835와 가장 작을 때인 305 - 86 = 219를 구할 수 있습니다.

1. 짝지어 합 구하기

Step 1 주어진 6개의 숫자로 가장 큰 세 자리 수를 만들고 나머지 숫자로 만들 수 있는 가장 작은 세 자리 수를 만드세요.

Step 2 위 **Step 1** 에서 구한 수로 가장 큰 값이 되는 뺄셈식을 완성하세요.

Step 3 주어진 6개의 숫자 중 차가 가장 작은 두 숫자를 모두 찾아 백의 자리에 넣으면 모두 몇 가지입니까?

Step 4 위 **Step 3** 에서 찾은 숫자로 가장 작은 값이 되는 뺄셈식을 완성하세요.

Step 1 3, 4, 0, 7, 8, 1을 큰 숫자부터 차례대로 적으면 8, 7, 4, 3, 1, 0입니다. 6개의 숫자로 가장 큰 세 자리 수를 만들면 874입니다.
가장 작은 세 자리 수는 백의 자리에 0을 놓을 수 없으므로 103입니다.

Step 2 위 **Step 1** 에서 구한 세 자리 수는 각각 874와 103입니다. 가장 큰 세 자리 수에서 가장 작은 세 자리 수를 빼면 가장 큰 값이 됩니다.
가장 큰 값이 되는 뺄셈식은 874 − 103 = 771입니다.

Step 3 6개의 숫자인 8, 7, 4, 3, 1, 0에서 차가 가장 작은 두 수는 모두 8과 7, 4와 3, 1과 0입니다. 숫자 0은 백의 자리에 놓을 수 없으므로 8과 7, 4와 3을 백의 자리에 놓을 수 있습니다.
뺄셈식은 8㉠㉡ − 7㉢㉣ 또는 4㉠㉡ − 3㉢㉣으로 총 두 가지입니다.

Step 4 위 **Step 3** 에서 구한 2가지 경우를 비교합니다.

1. 8㉠㉡ − 7㉢㉣에서 나머지 숫자인 0, 1, 3, 4를 ㉠, ㉡, ㉢, ㉣에 채워야 합니다.
㉢㉣ − ㉠㉡을 가장 크게 만들어야 하므로 ㉢㉣ = 43, ㉠㉡ = 01입니다.
801 − 743 = 58입니다.

2. 4㉠㉡ − 3㉢㉣에서 나머지 숫자인 0, 1, 7, 8을 ㉠, ㉡, ㉢, ㉣에 채워야 합니다.
㉢㉣ − ㉠㉡을 가장 크게 만들어야 하므로 ㉢㉣ = 87, ㉠㉡ = 01입니다.
401 − 387 = 14입니다.
따라서 가장 작은 값이 되는 뺄셈식은 401 − 387 = 14입니다.

정답 : 874 − 103 = 771(가장 큰 값)
401 − 387 = 14 (가장 작은 값)

1, 3, 5, 6, 7, 9 이 적힌 숫자 카드가 각각 한 장씩 있습니다. 아래 덧셈식의 계산 결과가 가장 크고 가장 작게 되도록 빈칸에 숫자 카드의 수를 적으세요.

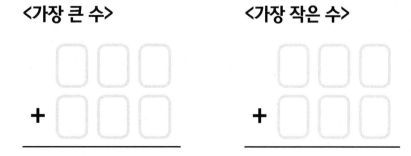

<가장 큰 수>   **<가장 작은 수>**

2. 숫자 카드로 곱 만들기

🔑 **Step 1**　(세 자리 수) × (한 자리 수)에서 곱한 결과 값이 가장 크게 되고 가장 작게 되는 식을 각각 적으세요.

🔑 **Step 2**　(두 자리 수) × (두 자리 수)에서 곱한 결과 값이 가장 크게 되고 가장 작게 되는 식을 각각 적으세요.

🔑 **Step 3**　위 🔑 **Step 1** 과 🔑 **Step 2** 에서 구한 가장 큰 값과 가장 작은 값인 식을 구하세요.

Step 1 4개의 숫자 카드로 만들 수 있는 곱셈식은 (세 자리 수) × (한 자리 수)와 (두 자리 수) × (두 자리 수)으로 모두 2가지입니다. 이 중 (세 자리 수) × (한 자리 수)에서 곱한 결과가 가장 클 때와 가장 작을 때를 각각 구합니다.

1. (세 자리 수) × (한 자리 수)에서 계산 결과가 가장 클 때

(한 자리 수)에 먼저 가장 큰 숫자를 놓고, 나머지 3개의 숫자로 가장 큰 세 자리 수를 만듭니다. (한 자리 수)에는 9가 들어가고 나머지 3, 4, 7로 가장 큰 세 자리 수인 743을 만듭니다. 계산 결과는 743 × 9 = 6687입니다.

2. (세 자리 수) × (한 자리 수)에서 계산 결과가 가장 작을 때

(한 자리 수)에 먼저 가장 작은 숫자를 놓고, 나머지 3개의 숫자로 가장 작은 세 자리 수를 만듭니다. (한 자리 수)에는 3이 들어가고 나머지 4, 7, 9로 가장 작은 세 자리 수인 479를 만듭니다. 계산 결과는 479 × 3 = 1437입니다.

Step 2 (두 자리 수) × (두 자리 수)에서 곱한 결과가 가장 클 때와 가장 작을 때를 각각 구합니다.

1. (두 자리 수) × (두 자리 수)에서 계산 결과가 가장 클 때

(두 자리 수)의 십의 자리에 가장 큰 숫자 9와 두 번째로 큰 숫자 7을 각각 놓습니다. 세 번째로 큰 숫자인 4는 두 번째로 큰 숫자 옆에 놓고 네 번째로 큰 숫자인 3은 가장 큰 숫자 옆에 놓습니다. 계산 결과는 93 × 74 = 6882입니다.

2. 두 자리 수) × (두 자리 수)에서 계산 결과가 가장 작을 때

(두 자리 수)의 십의 자리에 가장 작은 숫자 3과 두 번째로 작은 숫자 4를 각각 놓습니다. 세 번째로 작은 숫자인 7은 가장 작은 숫자 옆에 놓고 네 번째로 작은 숫자인 9는 두 번째로 작은 숫자 옆에 놓습니다. 계산 결과는 37 × 49 = 1813입니다.

Step 3 위 **Step 1** 과 **Step 2** 에서 구한 식 중에서 계산 결과가 가장 큰 경우는 93 × 74 = 6882, 계산 결과가 가장 작은 경우는 479 × 3 = 1437입니다.

정답 : 93 × 74 = 6882

479 × 3 = 1437

확인하기 0, 3, 5, 9가 적힌 숫자 카드가 각각 한 장씩 있습니다. 아래 두 가지 곱셈식의 계산 결과가 가장 작을 때의 값을 각각 구하고 두 식을 비교하세요. (단, 맨 앞자리에는 0이 올 수 없습니다.)

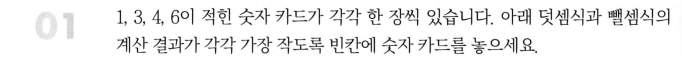

01 1, 3, 4, 6이 적힌 숫자 카드가 각각 한 장씩 있습니다. 아래 덧셈식과 뺄셈식의 계산 결과가 각각 가장 작도록 빈칸에 숫자 카드를 놓으세요.

02 4, 2, 0, 5, 9, 6이 적힌 숫자 카드가 각각 한 장씩 있습니다. 아래 세 자리 수 뺄셈식의 계산 결과가 가장 작도록 빈칸에 숫자 카드를 놓으세요.

03 0, 1, 2, 4, 5, 7이 적힌 숫자 카드가 각각 한 장씩 있습니다. 아래 두 곱셈식의 계산 결과가 가장 클 때의 값을 각각 구하고 두 식을 비교하세요.

04 1, 3, 5, 7, 8이 적힌 숫자 카드가 각각 한 장씩 있습니다. 빈칸에 숫자 카드를 놓아 계산 결과 값이 가장 클 때를 구하세요.

05 0부터 7까지 8개의 연속하는 숫자 카드가 한 장씩 있습니다. 8장의 숫자 카드로 두 자리 수를 4개 만들었을 때, 4개의 두 자리 수의 합이 가장 작을 때의 값을 구하세요.

06 1, 4, 5, 7, 8, 9가 적힌 숫자 카드가 각각 한 장씩 있습니다. 빈칸에 숫자 카드를 놓아 계산 결과가 가장 클 때 식을 구하세요.

07 서로 다른 세 종류의 숫자 카드 중 한 종류의 숫자 카드는 2장이 있고 나머지 두 종류의 숫자 카드는 1장씩 있습니다. 두 자리 덧셈식과 세 자리 곱셈식에 각각 4장의 숫자 카드를 놓았을 때, 두 식 모두 계산 결과가 가장 작았습니다. 서로 다른 세 종류의 숫자 카드를 구하세요.

08 3, 4, 5, 6, 7, 8이 적힌 숫자 카드가 각각 한 장씩 있습니다. 빈칸에 숫자 카드를 놓아 계산 결과가 가장 클 때와 가장 작을 때의 식을 각각 구하세요.

09 2, 4, 8, 3, 5, 7이 적힌 숫자 카드가 각각 한 장씩 있습니다. "짝"이 적힌 곳에는 짝수만 적고 "홀"이 적힌 곳에는 홀수만 적을 때, 계산 결과가 가장 클 때와 작을 때의 값을 각각 구하세요.

10 0, 1, 2, 4, 5가 적힌 숫자 카드가 각각 한 장씩 있습니다. 아래 두 자리 수 뺄셈식에 숫자 카드를 놓아 계산한 결과가 가장 큰 짝수일 때와 가장 작은 짝수일 때 식을 각각 구하세요.

01 2, 3, 4, 6, 9, 0이 적힌 숫자 카드가 각각 한 장씩 있습니다. 세 자리 수 뺄셈식에 숫자 카드를 놓아 계산한 결과가 두 번째로 큰 수와 두 번째로 작은 수일 때 식을 각각 구하세요.

<두 번째로 큰 수>

<두 번째로 작은 수>

02 1, 2, 3, 4, 5, 6이 적힌 숫자 카드가 각각 한 장씩 있습니다. 빈칸에 숫자 카드를 놓아 계산한 결과가 가장 큰 짝수일 때와 가장 작은 짝수일 때 식을 각각 구하세요.

<가장 큰 짝수>

$$\begin{array}{r} \square\,\square \\ \square \\ +\square \\ \hline \end{array}$$

<가장 작은 짝수>

$$\begin{array}{r} \square\,\square \\ \square \\ +\square \\ \hline \end{array}$$

03 2, 3, 4, 5, 6, 7이 적힌 숫자 카드가 각각 한 장씩 있습니다. 빈칸에 숫자 카드를 놓아 계산한 결과가 가장 작은 홀수일 때 식을 구하세요.

$$
\begin{array}{r}
\square\square\square \\
\times \quad \square\square \\
\hline
\end{array}
$$

04 1, 2, 3, 4, 5, 6이 적힌 숫자 카드가 각각 한 장씩 있습니다. 두 가지 곱셈식에서
계산 결과가 가장 작은 식을 각각 구하세요.

01 무우는 1부터 9까지 적힌 숫자 카드를 한 장씩 가지고 있습니다. 무우는 상상이에게 3, 5, 8이 적힌 숫자 카드를 주었고 나머지 6장으로 두 개의 세 자리 수를 만들었는데 두 수의 차가 가장 작게 만들었습니다. 이 중에 알알이에게는 큰 세 자리 수의 숫자 카드 3장을 주었고 제이에게는 작은 세 자리 수의 숫자 카드 3장을 주었습니다. 상상, 알알, 제이는 각각 세 자리 수를 만들었을 때, 상상이의 수에서 알알이의 수를 뺀 결과와 상상이의 수에서 제이의 수를 뺀 결과는 각각 가장 큰 값이 되었습니다. 상상이와 알알이의 세 자리 수의 차와 상상이와 제이의 세 자리 수의 차 중에 더 큰 값이 나올 때는 언제일까요?

02
창의융합문제

동굴에 들어온 무우와 친구들은 벽에 〈그림〉과 같이 숫자가 적혀있는 식을 발견했습니다. 이 식을 본 무우는 각 세 자리 수 숫자에서 한 개씩 숫자를 지워서 계산 결과 가장 큰 값이 되도록 만들고 싶었습니다. 반면 상상이는 무우와 다르게 각 세 자리 수의 세 숫자 중에 한 개씩 숫자를 지워서 계산 결과 가장 작은 값이 되도록 만들고 싶었습니다. 과연 무우와 상상이는 각각 어떤 숫자를 지워야 할까요?　(단, 각 숫자의 자리를 바꿀 수 없습니다.)

$$3\ 5\ 7 \times 6\ 2\ 4 - 1\ 0\ 9$$

〈그림〉

멕시코에서 넷째 날 모든 문제 끝~!
칸쿤로 이동하는 무우와 친구들에게 어떤 일이 일어날까요?

★은 어떤 수?

1. △ + ★ = △   2. ○ − ★ = ○

위의 1과 2 식에서 ★은 서로 같은 수일까요? 서로 다른 수일까요?

1 + ★ = 1 → ★ = 0	1 − ★ = 1 → ★ = 0
2 + ★ = 2 → ★ = 0	2 − ★ = 2 → ★ = 0
3 + ★ = 3 → ★ = 0	3 − ★ = 3 → ★ = 0
4 + ★ = 4 → ★ = 0	4 − ★ = 4 → ★ = 0
〈덧셈식〉	〈뺄셈식〉

1에서 △에 1, 2, 3, 4 …의 자연수를 넣어봅니다.

위 <덧셈식>과 같이 ★은 반드시 0입니다.

2에서 ○에 1, 2, 3, 4 …의 자연수를 넣어봅니다.

위 <뺄셈식>과 같이 ★은 반드시 0입니다.

따라서 두 식 1과 2에서 ★은 모두 0으로 같은 수입니다.

5. 도형이 나타내는 수

멕시코
Mexico

멕시코 다섯째 날 DAY 5

무우와 친구들은 멕시코에 도착한 다섯째 날,
<산 크리스토발 데 라스 까사스>에서 <칸쿤>으로
이동했어요. 멋진 풍경과 재미있는 수학 문제와 함께
멕시코 <칸쿤>에서 여행을 즐겨볼까요? 출발~!

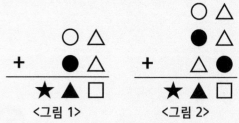

1. 복면산

복면산이란?

도형을 이용해 표현한 수식에서 각 도형이 나타내는 숫자를 알아내는 문제입니다.

1. 같은 도형은 같은 숫자를, 다른 도형은 다른 숫자를 나타냅니다.

2. 맨 앞자리의 도형은 0을 나타낼 수 없습니다.

3. <그림 1>에서는 ★이 나타내는 숫자는 1입니다.

$$
\begin{array}{r}
\bigcirc \triangle \\
+ \; \bullet \triangle \\
\hline
\bigstar \blacktriangle \square
\end{array}
$$
<그림 1>

$$
\begin{array}{r}
\bigcirc \triangle \\
\bullet \triangle \\
+ \; \triangle \bullet \\
\hline
\bigstar \blacktriangle \square
\end{array}
$$
<그림 2>

1 × ★ = 1 ⇒ ★ = 1

2 × ★ = 2 ⇒ ★ = 1

3 × ★ = 3 ⇒ ★ = 1

4 × ★ = 4 ⇒ ★ = 1

<곱셈식>

1 ÷ ★ = 1 ⇒ ★ = 1

2 ÷ ★ = 2 ⇒ ★ = 1

3 ÷ ★ = 3 ⇒ ★ = 1

4 ÷ ★ = 4 ⇒ ★ = 1

<나눗셈식>

4. <그림 2>에서는 ★이 나타내는 숫자는 1 또는 2입니다.

5. □ × ★ = □와 □ ÷ ★ = □의 경우 □에 따라 ★이 나타내는 수는 달라집니다.
〈곱셈식〉에서 □ = 1, 2, 3, 4 …이면 ★ = 1입니다. 반대로 □ = 0이면 0 × ★ = 0이므로 ★은 자연수 중 하나입니다.
이와 마찬가지로 〈나눗셈식〉에서 □ = 1, 2, 3, 4 …이면 ★ = 1입니다. 반대로 □ = 0이면 0 ÷ ★ = 0이므로 ★은 자연수 중 하나입니다.

2. 벌레 먹은 셈

벌레 먹은 셈이란?

계산식에서 몇 개의 숫자가 지워져 보이지 않을 때, 나머지 숫자를 통해 연산하여 지워진 숫자를 찾는 문제입니다. 숫자가 지워져 있는 모습이 벌레가 나뭇잎을 먹은 모습과 같아서 벌레 먹은 셈으로 이름이 붙여졌습니다. 단, 빈칸이 맨 앞자리일 때 0이 들어갈 수 없습니다.

1. 벌레 먹은 덧셈은 각 자리의 덧셈과 받아 올림을 생각하여 지워진 숫자를 찾습니다.

2. 벌레 먹은 뺄셈은 덧셈으로 바꿔서 생각합니다.

3. 벌레 먹은 곱셈

① ▲ × (0을 제외한 짝수) : ▲ × (2, 4, 6, 8)을 계산하여 결과 값의 일의 자리 숫자가 0, 2, 4, 6, 8 중 하나가 되는 ▲는 두 가지 숫자가 있습니다.

예 <그림 1>과 같이 □ × 2를 계산하여 결과 값의 일의 자리 숫자가 8이 되는 □는 4 또는 9입니다.

```
        ☐   ☐
    ×       2
  ─────────────
    ☐   6   8
```
〈그림 1〉

② △ × (5를 제외한 홀수) : △ × (1, 3, 7, 9)를 계산하여 결과 값의 일의 자리 숫자가 자연수가 되는 △는 한 가지 숫자뿐입니다.

예 <그림 2>와 같이 □ × 3을 계산하여 결과 값의 일의 자리 숫자가 5가 되는 □는 5뿐입니다.

```
        ☐   ☐
    ×       3
  ─────────────
    ☐   7   5
```
〈그림 2〉

③ □ × 5를 하여 나오는 결과의 일의 자리 숫자는 0과 5로 두 가지입니다

정답

1. △ − ★ = △가 되려면 반드시 ★ = 0입니다. 각 도형은 서로 다른 수입니다.
2. ○ ÷ △ = ○가 되려면 ○ = 0이거나 △ = 1이 되어야 합니다. 하지만 ★ = 0이므로 ○ = 0이 아닙니다.
   △ = 1입니다.
3. ○ + △ = ■에서 △ = 1이므로 ○ + 1 = ■입니다. 나머지 2, 3, 4 중에서 ○ = 2이면 ■ = 3, ○ = 3이면 ■ = 4입니다.
4. ◆ ÷ ○ = ○에서 위에서 ○ = 2와 ○ = 3으로 나눠서 ◆이 가능한 숫자를 찾습니다.
   ① ○ = 2일 때, ◆ ÷ 2 = 2이므로 ◆ = 4입니다. ○ = 2, ■ = 3, ◆ = 4입니다.
   ② ○ = 3일 때, ◆ ÷ 3 = 3을 하여 ◆에 가능한 숫자가 없으므로 ○ = 3이 아닙니다.
따라서 무우는 ★ = 0, △ = 1, ○ = 2, ■ = 3, ◆ = 4로 각 모양에 해당하는 숫자를 찾을 수 있습니다.

1. 복면산

$$
\begin{array}{ccc}
 & \square & \triangle \\
+ & \triangle & \bullet \\
\hline
\bullet & \bullet & \square \\
\end{array}
$$

Step 1 　두 자리 수 덧셈식입니다. 계산 결과 백의 자리는 어떤 수일까요?

Step 2 　위 Step 1 에서 찾은 ●으로 일의 자리와 십의 자리 계산을 하여 □와 △을 나타내는 수를 각각 찾으세요.

Step 3 　덧셈식을 만족하는 도형 ●, □, △의 숫자는 각각 무엇입니까?

풀이

🔑 Step 1   두 자리 수 덧셈식이므로 두 자리 수의 십의 자리에 최대 9와 8을 더하면 17입니다. 계산 결과의 백의 자리에는 1밖에 올 수 없습니다. ● = 1입니다.

🔑 Step 2   위 🔑 Step 1 에서 구한 ● = 1을 덧셈식에 적
으면 〈그림〉과 같습니다.

일의 자리에서 받아 올림 하는 경우 : △ = 9가
되므로 □ = 0입니다. 하지만 두 자리 수의 맨 앞
자리가 □이므로 △ = 9가 될 수 없습니다.

일의 자리에서 받아 올림 하지 않는 경우 : 일의
자리 △ + 1 = □이고 십의 자리 □ + △ = 11
이 되기 위해서는 (□, △) = (6, 5)밖에 없습니다.

$$
\begin{array}{cccc}
 & & \square & \triangle \\
+ & & \triangle & 1 \\
\hline
 & 1 & 1 & \square \\
\end{array}
$$

〈그림〉

🔑 Step 3   따라서 덧셈식을 만족하는 숫자는 □ = 6, △ = 5, ● = 1입니다.

정답: □ = 6, △ = 5, ● = 1

확인하기 1

같은 도형은 같은 숫자, 다른 도형은 다른 숫자입니다. 도형 ◯, △, □가
나타내는 숫자를 각각 구하세요.

$$
\begin{array}{cccc}
 & \bigcirc & \square & \triangle \\
+ & & \triangle & \bigcirc \\
\hline
 & 2 & 5 & \square \\
\end{array}
$$

확인하기 2

같은 도형은 같은 숫자, 다른 도형은 다른 숫자입니다.

◯ – △ = □일 때, 도형 ◯, △, □ 이 나타내는 숫자를 각각 구하
세요.

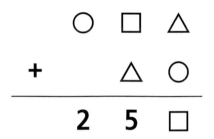

$$
\begin{array}{cccc}
 & & \bigcirc & \triangle \\
 & & \square & \bigcirc \\
+ & & \triangle & \square \\
\hline
 & \square & \square & 0 \\
\end{array}
$$

2. 벌레 먹은 셈

Step 1 〈식〉 ㉠에 들어갈 수 있는 숫자를 모두 구하세요.

Step 2 위 Step 1 에서 찾은 ㉠에 따라 ㉡에 들어 갈 수 있는 숫자를 모두 구하세요.

Step 3 위 Step 2 에서 찾은 ㉡에 따라 ㉢에 들어 가는 숫자를 구하세요.

Step 4 곱셈식에 알맞은 ㉠, ㉡, ㉢, □ 안에 들어가는 숫자를 각각 구하세요.

㉢	㉡	㉠	
×			6
□	9	2	4

〈식〉

풀이

Step 1 오른쪽 그림과 같이 ㉠ × 6을 하여 일의 자리 숫자가 4가 되어야 합니다. 4 × 6 = 24 또는 9 × 6 = 54입니다. ㉠은 4 또는 9입니다.

$$
\begin{array}{r}
㉢\ ㉡\ ㉠ \\
\times\qquad 6 \\
\hline
\square\ 9\ 2\ 4
\end{array}
$$

Step 2 위 **Step 1** 에서 구한 대로 ㉠이 4 또는 9로 나눠서 ㉡에 들어갈 수 있는 숫자를 찾습니다.

1. ㉠ = 4일 때, 일의 자리에서 십의 자리로 2가 받아 올리면 됩니다. ㉡ × 6 + 2를 하여 일의 자리 숫자가 2가 되어야 합니다. 0 × 6 + 2 = 2 또는 5 × 6 + 2 = 32입니다. ㉡은 0 또는 5입니다.

2. ㉠ = 9일 때, 일의 자리에서 십의 자리로 5가 받아 올리면 됩니다. ㉡ × 6 + 5를 하여 일의 자리 숫자가 2가 되어야 합니다. 하지만 ㉡에 만족하는 수가 없으므로 ㉠ = 9가 아닙니다.

그러므로 ㉠ = 4일 때, ㉡ = 0 또는 5입니다.

Step 3 위 **Step 2** 에 따라 ㉠ = 4일 때, ㉡ = 0 또는 5입니다. ㉡을 두 가지 경우로 나눠서 ㉢에 들어갈 수 있는 숫자를 찾습니다.

1. ㉡ = 0일 때, 십의 자리에서 백의 자리로 받아 올림이 없습니다. ㉢ × 6 = □ 9가 되어야 합니다. 하지만 어떤 수에 6을 곱해도 일의 자리 숫자가 9가 되는 경우가 없습니다. ㉡ = 0일 때, 만족하는 ㉢은 없습니다.

2. ㉡ = 5일 때, 십의 자리에서 백의 자리로 받아 올림 3이 있습니다. ㉢ × 6 + 3 = □ 9가 되어야 합니다. 6 × 6 + 3 = 36 + 3 = 39 또는 1 × 6 + 3 = 9이므로 ㉢ = 6 또는 1입니다. 하지만 계산 결과가 네 자리 수이므로 ㉢ = 1이 아니라 ㉢ = 6입니다.

㉠ = 4, ㉡ = 5, ㉢ = 6입니다.

Step 4 ㉠ = 4, ㉡ = 5, ㉢ = 6을 식에 넣으면 654 × 6이므로 계산 결과는 3924입니다. 따라서 □ = 3입니다.

정답 :
$$
\begin{array}{r}
6\ 5\ 4 \\
\times\qquad 6 \\
\hline
3\ 9\ 2\ 4
\end{array}
$$

확인하기

세 자리 수 덧셈식과 뺄셈식이 있습니다. □ 안에 알맞은 숫자를 써넣으세요.

$$
\begin{array}{r}
\square\ 6\ \square \\
+\ \square\ \square\ 9 \\
\hline
3\ 2\ 0
\end{array}
\qquad
\begin{array}{r}
4\ \square\ \square \\
-\ \square\ 8\ 2 \\
\hline
3\ 3
\end{array}
$$

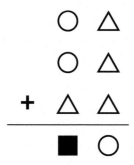

01 같은 도형은 같은 숫자, 다른 도형은 다른 숫자입니다. ○ + ○ = △일 때, 도형 ○, △, ■가 나타내는 숫자를 각각 구하세요.

```
    ○  △
    ○  △
 +  △  △
 ─────────
    ■  ○
```

02 ○, △, ■, ◆, ★은 0, 1, 2, 3, 6 중 서로 다른 숫자를 나타냅니다. 각 도형이 나타내는 숫자를 구하세요.

> 1. ○ + ◆ = △
> 2. ■ × ★ = ★
> 3. ■ ÷ △ = ◆

03 ○ 안에 + 또는 − 을 각각 놓았을 때, □ 안에 들어가는 숫자의 합을 각각 구하세요.

```
      5   2   □
  ○   3   □   8
 ──────────────
      □   5   7
```

04 숫자 카드 8장 중에 2, 4, 6이 적힌 숫자 카드 2장씩과 3, 8이 적힌 숫자 카드 1장씩 있습니다. 빈칸에 숫자 카드를 모두 놓아 식을 만족하는 두 가지 경우를 모두 찾으세요.

$$\square \div \square = \square$$
$$| \qquad \qquad \times$$
$$\square \qquad \qquad \square$$
$$= \qquad \qquad =$$
$$\square + \square = \square$$

05 □ 안에 들어가는 숫자의 합이 가장 작을 때의 값을 구하세요.

```
      □ □ □
        □ □
  +       □
  ─────────
    □ □ 7 6
```

06 같은 도형은 같은 숫자, 다른 도형은 다른 숫자입니다. 가로와 세로의 같은 줄에 있는 수를 더해 빈칸에 알맞은 수를 써넣으세요.

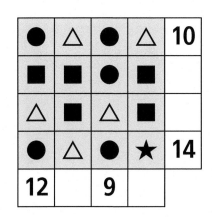

07 나눗셈식과 곱셈식이 각각 성립하도록 빈칸에 알맞은 수를 써넣으세요.

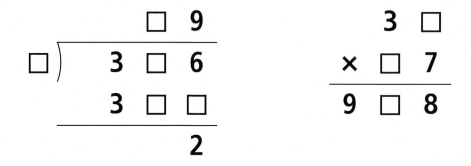

08 ㉠부터 ㉰까지는 0, 1, 5, 6, 7, 8 중에 서로 다른 숫자를 나타냅니다. 이 식을 만족하는 각 문자가 나타내는 숫자를 각각 구하세요. (단, ㉢ > ㉡ > ㉠이고 ㉣ > ㉤ > ㉰이고 ㉤㉰은 두 자리 수입니다.)

㉠ × ㉡ + ㉢ = ㉣ × ㉤㉰

09　두 자리 수 덧셈에서 **A**와 **B**는 서로 다른 숫자입니다. 문자 **A**, **B**가 나타내는 숫자를 각각 구하세요.

$$
\begin{array}{r}
B\ A \\
A\ B \\
+\ B\ A \\
\hline
1\ 9\ A
\end{array}
$$

10　숫자 카드 **1**, **3**, **4**, **5**, **7**, **8**이 각각 한 장씩 있을 때, 뺄셈식이 성립하도록 빈칸에 알맞은 수를 써넣으세요.

$$
\begin{array}{r}
2\ \square\ \square \\
-\ \ \square\ \square \\
\hline
\square\ \square\ 3
\end{array}
$$

01 같은 도형은 같은 숫자, 다른 도형은 다른 숫자입니다. 3개의 숫자의 크기는 ● < △ < □ 일 때, 도형 ●, △, □ 이 나타내는 숫자를 각각 구하세요.

$$
\begin{array}{r}
\triangle\ 7\ \square \\
-\ \ 1\ \square\ \bullet \\
\hline
\bullet\ \bullet\ \triangle
\end{array}
$$

02 곱셈식이 성립하도록 빈칸에 알맞은 수를 써넣으세요.

$$
\begin{array}{r}
\square\ \square\ 8 \\
\times\quad\ 5\ \square \\
\hline
2\ \square\ \square\ 4 \\
3\ \square\ 4\ 0\ \\
\hline
3\ 9\ 6\ \square\ 4
\end{array}
$$

03 세 조건을 모두 만족하는 서로 다른 한 자리 숫자 ㉠, ㉡, ㉢, ㉣, ㉤이 각각 있습니다. ㉠ × ㉡ × ㉢ × ㉣ × ㉤을 구하세요. (단, ㉣㉤은 두 자리 수입니다.)

> **조건**
>
> 1. ㉠ < ㉡ < ㉢ < ㉣ < ㉤
> 2. ㉠ + ㉡ + ㉢ = 10
> 3. ㉣㉤ ÷ ㉡ = 17

04 A, B, C, D는 1, 3, 5, 7 중에 서로 다른 숫자를 나타냅니다. 다음 식을 만족하는 각 문자가 나타내는 숫자를 각각 구하세요.

$$
\begin{array}{r}
A\ B\ C\ D \\
+\ 5\ 7\ 4\ 2 \\
\hline
C\ D\ A\ B
\end{array}
$$

01 무우와 상상이는 각각 5장의 숫자 카드를 가지고 있습니다. 5장의 숫자 카드 중 4장의 숫자 카드를 선택하여 아래와 같은 식을 만들었습니다. 빈칸에 숫자 카드를 놓아 식을 완성하고, 무우와 상상이가 각각 선택하지 않은 숫자 카드를 구하세요.

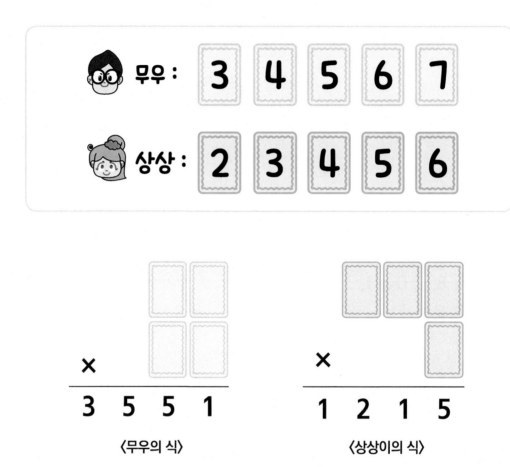

〈무우의 식〉   〈상상이의 식〉

02
창의융합문제

관광객이 준 쪽지에는 오른쪽과 같은 식이 적혀 있었습니다. 이 식에서 짝은 2, 4, 8 중 한 개의 수를 나타내고, 홀은 1, 3, 9 중 한 개의 수를 나타냅니다. 다른 자리의 홀, 짝은 같을 수도 있고 다를 수도 있습니다. 무우와 상상이는 함께 식을 완성했습니다. 과연 두 친구가 함께 완성한 식은 무엇일까요?

$$
\begin{array}{r}
\text{짝 \ 짝} \\
\text{짝)}\overline{\text{홀 \ 홀}} \\
\underline{\text{짝}\phantom{\text{홀}}} \\
\text{홀 \ 홀} \\
\underline{\phantom{\text{홀}}\text{짝}} \\
\text{홀}
\end{array}
$$

멕시코에서 다섯째 날 모든 문제 끝~!
플라야 델 까르멘으로 이동하는 무우와 친구들에게 어떤 일이 일어날까요?

그림 속 마방진?

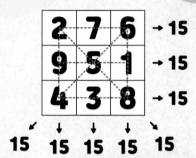

마방진이란? 정사각형에 1부터 차례대로 숫자를 적을 때, 숫자를 중복하거나 빠뜨리지 않고 가로, 세로, 대각선에 있는 수들의 합이 모두 같아지도록 만든 숫자 배열입니다.

대표적으로 3행 3열 정사각형에 가로, 세로, 대각선에 있는 수들의 합이 모두 15로 같습니다.

독일의 광석 기술자 알브레히트 뒤러(Albrecht Durer)는 오른쪽 <그림>의 빨간색 사각형 안에 4행 4열의 마방진을 그렸습니다. 이 <그림>을 포함해 4행 4열의 마방진이 총 880개가 있다고 합니다. 5행 5열의 마방진의 경우는 27,530,522개라고 하는데, 6행 6열 이상일 때는 그 수가 너무 많아 몇 개인지 알지 못한다고 합니다.

〈그림〉

마방진의 성질을 이용하여 아래 <마방진 문제>를 해결하세요.

〈4행 4열 마방진〉

〈마방진 문제〉

6. 마방진

멕시코 여섯째 날 DAY 6

무우와 친구들은 멕시코에 도착한 다섯째 날,
<칸쿤>에서 <플라야 델 까르멘>으로
이동했어요. 신비하고 재미있는 마방진 문제와
함께 멕시코 <플라야 델 까르멘>에서 여행을
즐겨볼까요? 멕시코에서의 마지막 날 여행 출발!

1. 마방진의 성질

마방진의 9개의 각 칸에 연속하는 9개의 수 ⓐ, ⓑ, ⓒ, ⓓ, ⓔ, ⓕ, ⓖ, ⓗ, ⓘ을 〈그림 1〉과 같이 놓습니다.

1. (가로, 세로, 대각선의 세 수의 합)은 각각 (ⓐ + ⓑ + ⓒ + ⓓ + ⓔ + ⓕ + ⓖ + ⓗ + ⓘ) ÷ 3입니다.

2. 연속하는 9개의 수 중에서 ⓐ가 가장 작고 ⓘ가 가장 클 때, 마방진의 가운데 들어가는 수는 (ⓐ + ⓘ) ÷ 2입니다.

ⓐ	ⓑ	ⓒ
ⓓ	ⓔ	ⓕ
ⓖ	ⓗ	ⓘ

〈그림 1〉

예 1부터 9까지 9개의 연속 수를 마방진에 채울 때, 마방진의 가운데 들어가는 수는 (1 + 9) ÷ 2 = 10 ÷ 2 = 5입니다.

3. 가로, 세로, 대각선의 합이 모두 같으므로 아래와 같은 성질을 만족합니다.

① 〈그림 2〉에서 ⓐ를 기준으로 가로, 세로, 대각선의 합이 모두 같으므로 ⓑ + ⓒ = ⓓ + ⓖ = ⓔ + ⓘ입니다.

② 〈그림 3〉에서 ⓓ를 기준으로 가로, 세로의 합이 모두 같으므로 ⓔ + ⓕ = ⓐ + ⓖ입니다.

③ 〈그림 4〉에서 ⓔ를 기준으로 가로, 세로, 대각선의 합이 모두 같으므로 ⓑ + ⓗ = ⓐ + ⓘ = ⓓ + ⓕ = ⓒ + ⓖ입니다.

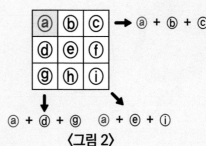

〈그림 2〉

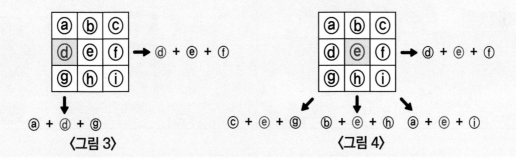

〈그림 3〉　　　〈그림 4〉

여러 가지 마방진

〈십자 마방진〉은 〈그림 1〉과 같이 가로줄과 세로줄에 있는 세 수의 합을 같게 만들어야 합니다.

〈삼각진〉은 〈그림 2〉와 같이 같은 줄에 있는 세 수의 합을 같게 만들어야 합니다.

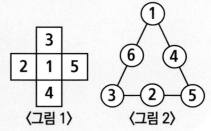

〈그림 1〉　　　〈그림 2〉

정답

〈그림 1〉에서 파란색 칸을 기준으로 세로줄과 대각선의 식을 적습니다.
세로줄 식 : 10 + □ + A, 대각선 식 : 6 + □ + 8입니다. 세로줄과 대각선에서 세 수의 합은 모두 같으므로
10 + □ + A = 6 + □ + 8입니다. 식에서 공통인 □을 지우면 10 + A = 14입니다. A = 4입니다.

〈그림 2〉에서 노란색 칸을 기준으로 가로줄과 대각선의 식을 적습니다. 가로줄 식 : □ + 8 + B,
대각선 식 : □ + 10 + 7입니다. 마찬가지로 □ + 8 + B = □ + 10 + 7입니다. 식에서 공통인 □을 지우면
8 + B = 17입니다. B = 9입니다.

따라서 무우는 A = 4, B = 9를 찾을 수 있습니다.

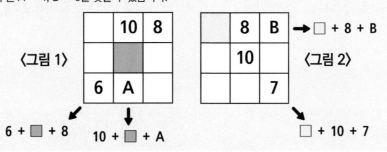

9부터 17까지 연속하는 수를 아래 마방진에 채우세요.

Step 1 가장 큰 수와 가장 작은 수의 합을 이용하여 가운데 수를 구하세요.

Step 2 9부터 17까지 연속하는 수의 합을 이용하여 세 수의 합을 구하세요.

Step 3 가운데 수와 세 수의 합을 이용하여 아래 마방진을 채우세요.

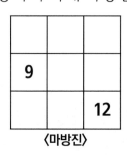

〈마방진〉

풀이

Step 1 연속하는 9개의 수 중에서 가장 작은 수는 9이고 가장 큰 수는 17입니다. 마방진의 가운데 들어가는 수는 (9 + 17) ÷ 2 = 26 ÷ 2 = 13입니다.

Step 2 (가로, 세로, 대각선의 세 수의 합)은 9부터 17까지 연속한 수를 모두 합한 후 3으로 나누면 됩니다. (9 + 10 + 11 + 12 + 13 + 14 + 15 + 16 + 17) ÷ 3 = 117 ÷ 3 = 39입니다.

Step 3 위 **Step 1** 과 **Step 2** 에서 구한 가운데 수 13과 세 수의 합 39를 이용하여 빈칸을 채웁니다.

〈그림〉과 같이 가운데 수 13을 놓은 후 나머지 빈칸에 ⓐ부터 ⓕ까지 적습니다.

ⓐ	ⓑ	ⓒ
9	13	ⓓ
ⓔ	ⓕ	12

〈그림〉

대각선 ⓐ + 13 + 12 = 39에서 ⓐ = 14입니다.

가로줄 9 + 13 + ⓓ = 39에서 ⓓ = 17입니다.

세로줄 ⓒ + ⓓ + 12 = 39에서 ⓓ = 17이므로 ⓒ = 10입니다.

대각선 ⓔ + 13 + ⓒ = 39에서 ⓒ = 100|므로 ⓔ = 16입니다.

가로줄 ⓐ + ⓑ + ⓒ = 39에서 ⓐ = 14, ⓒ = 100|므로 ⓑ = 15입니다.

가로줄 ⓔ + ⓕ + 12 = 39에서 ⓔ = 160|므로 ⓕ = 11입니다.

따라서 ⓐ = 14, ⓑ = 15, ⓒ = 10, ⓓ = 17, ⓔ = 16, ⓕ = 11을 마방진에 채우면 가로, 세로, 대각선의 합이 모두 같은 〈마방진〉이 됩니다.

14	15	10
9	13	17
16	11	12

〈마방진〉

정답 :

14	15	10
9	13	17
16	11	12

확인하기

2부터 18까지 짝수를 한 번씩 써서 가로, 세로, 대각선의 세 수의 합이 모두 같게 만들려고 합니다. 알맞은 수를 써넣어 빈칸을 완성하세요.

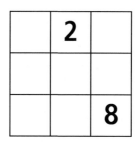

2. 마방진의 응용

세 명의 친구들이 찾은 정답은 모두 무엇일까요?

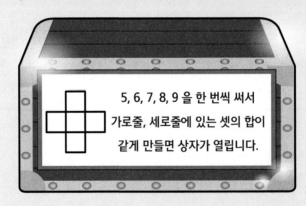

5, 6, 7, 8, 9 을 한 번씩 써서 가로줄, 세로줄에 있는 셋의 합이 같게 만들면 상자가 열립니다.

🖊 **Step 1**　가로줄과 세로줄에 있는 세 칸의 합이 같으므로 가운데 칸을 제외한 나머지 두 칸의 합은 서로 같습니다. 가운데 칸에 들어갈 수 있는 수를 모두 구하세요.

🖊 **Step 2**　위 🖊 **Step 1** 에서 구한 가운데 수를 각각 파란색 칸 채운 후 나머지 빈칸을 완성하세요.

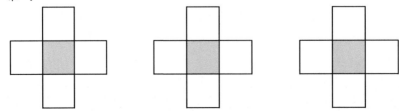

Step 1 가로줄과 세로줄에 세 칸의 합이 같으므로 가운데 칸을 제외한 나머지 두 칸에 합이 서로 같아야 합니다.

1. 가운데 칸에 5가 들어갈 때, 나머지 6, 7, 8, 9에서 합이 같게 2개씩 짝지으면 (6, 9)와 (7, 8)입니다. 두 수의 합이 15로 서로 같습니다. 가운데 칸에 5가 들어갈 수 있습니다.

2. 가운데 칸에 6이 들어갈 때, 나머지 5, 7, 8, 9로 합이 같게 2개씩 짝을 지을 수 없습니다. 가운데 칸에 6이 들어갈 수 없습니다.

3. 가운데 칸에 7이 들어갈 때, 나머지 5, 6, 8, 9에서 합이 같게 2개씩 짝지으면 (5, 9)와 (6, 8)입니다. 두 수의 합이 14로 서로 같습니다. 가운데 칸에 7이 들어갈 수 있습니다.

4. 가운데 칸에 8이 들어갈 때, 나머지 5, 6, 7, 9에서 합이 같게 2개씩 짝을 지을 수 없습니다. 가운데 칸에 8이 들어갈 수 없습니다.

5. 가운데 칸에 9가 들어갈 때, 나머지 5, 6, 7, 8에서 합이 같게 2개씩 짝지으면 (5, 8)과 (6, 7)입니다. 두 수의 합이 13으로 서로 같습니다. 가운데 칸에 9가 들어갈 수 있습니다.

가운데 칸에 들어갈 수 있는 수는 5, 7, 9입니다.

Step 2 위 Step 1 에서 구한 가운데 수 5, 7, 9를 각각 파란색 칸에 놓고 나머지 빈칸을 〈그림 1, 2, 3〉과 같이 완성합니다. 이외에 가로줄과 세로줄의 두 수를 서로 바꿔 적거나 같은 줄에 두 수를 서로 바꿔 적어도 정답이 됩니다.

정답 :

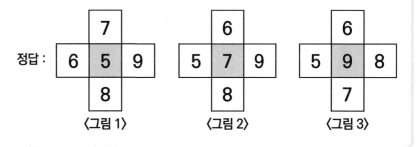

〈그림 1〉   〈그림 2〉   〈그림 3〉

확인하기

4부터 8까지의 수를 한 번씩 써서 가로줄, 세로줄에 있는 세 수의 합이 같게 만들려고 합니다. 이때, 세 수의 합이 가장 클 때의 값을 구하고 빈칸을 완성하세요.

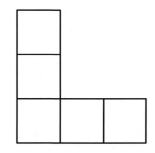

01 마방진에 3개의 숫자가 적혀있습니다. 나머지 6개의 수를 모두 합한 값을 구하세요.

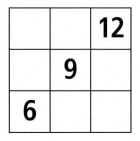

02 빈칸에 1부터 5까지 수를 한 번씩 써서 가로줄은 가로줄끼리 세로줄은 세로줄끼리 서로 두 수의 합이 같도록 빈칸을 완성하세요.

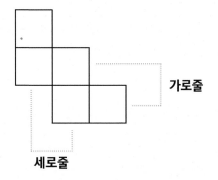

03 2부터 9까지 수를 한 번씩 써서 같은 줄에 있는 세 수의 합이 모두 17이 되도록 빈칸을 완성하세요.

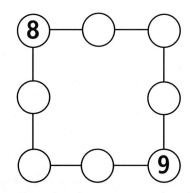

04 　3부터 8까지 수를 한 번씩 써서 같은 줄에 있는 세 수의 합이 모두 16이 되도록 빈칸을 완성하세요.

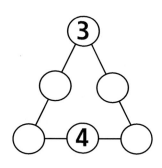

05 　서로 다른 숫자를 써서 가로, 세로, 대각선의 세 수의 합이 모두 같도록 빈칸을 완성하세요.

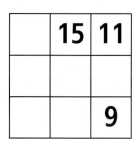

06 　빈칸에 1부터 7까지 수를 한 번씩 써서 가로줄, 세로줄에 있는 세 수의 합이 모두 13이 되도록 빈칸을 완성하세요.

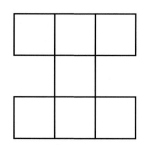

07 두 원을 연결하는 선분 위의 두 원 안에 적힌 수를 곱한 값이 적혀 있습니다. 네 원 안에 적힌 수들의 합이 가장 클 때, 각 원 안에 알맞은 수를 적으세요.

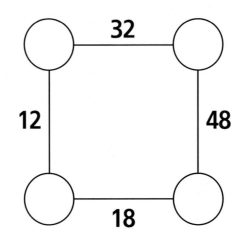

08 3부터 9까지의 수를 한 번씩 써서 같은 줄에 있는 세 수의 합이 모두 같게 만들려고 합니다. 세 수의 합이 가장 클 때와 가장 작을 때의 차를 구하세요.

09 1부터 8까지 수를 한 번씩만 써서 색칠된 각 정사각형 네 꼭짓점의 합이 모두 18이 되도록 만들려고 합니다. 각 꼭짓점 안에 알맞은 수를 적으세요.

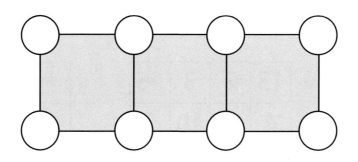

10 마방진은 가로, 세로, 대각선의 네 수의 합이 모두 같습니다. ⓐ, ⓑ, ⓒ에 들어갈 숫자를 각각 구하세요.

	ⓑ	14	1
	6	7	
ⓒ		11	8
16	3		ⓐ

01 〈보기〉의 숫자판은 틀린 마방진입니다. 2개의 수만 위치를 바꿔 가로, 세로, 대각선의 네 수의 합이 모두 같도록 마방진을 만들려고 합니다. 위치를 바꿔야 하는 2개의 수를 ○ 표하고, 위치를 바꿔 마방진을 완성하세요.

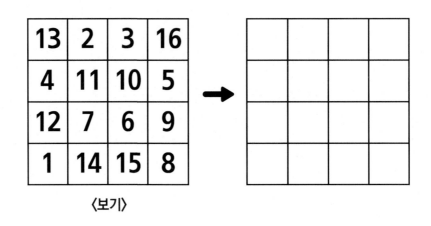

〈보기〉

02 3부터 9까지의 수를 한 번씩 써서 같은 줄 위의 세 수의 합과 각 원 위의 세 수의 합이 모두 같도록 했습니다. 각 원 안에 알맞은 수를 적으세요.

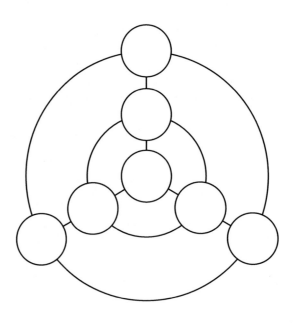

03 1부터 10까지 수를 한 번씩만 써서 색칠된 각 정사각형의 네 꼭짓점의 합이 모두 24가 되도록 만들려고 합니다. 각 꼭짓점 안에 알맞은 수를 적으세요.

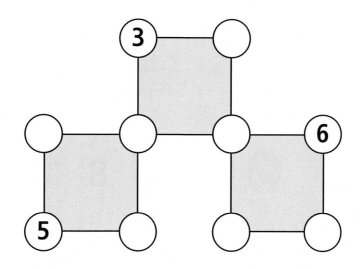

04 1부터 11까지 수를 한 번씩만 써서 색칠된 각 오각형 5개의 꼭짓점의 합이 모두 32가 되도록 만들려고 합니다. 각 꼭짓점 안에 알맞은 수를 적으세요.

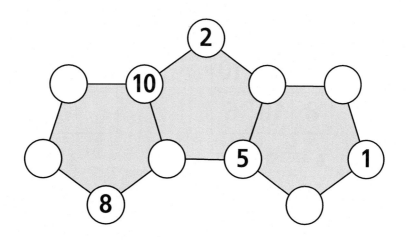

01

무우와 상상이는 각각 <보기>와 같이 세 장, 다섯 장의 숫자 카드를 가지고 있습니다. 무우는 가진 숫자 카드로 가로, 세로, 대각선의 세 수의 합이 같도록 마방진을 만들었습니다. 상상이도 모든 숫자 카드를 최소 한 번 이상 사용하여 가로, 세로, 대각선의 5개 수의 합이 같도록 마방진을 만들고 싶었습니다. 상상이는 어떻게 숫자 카드를 놓으면 되는지 설명하세요.

보기

무우 : 6 8 10

상상 : 2 4 6 8 10

10	6	8
6	8	10
8	10	6

▲ 무우의 마방진

▲ 상상이의 마방진

02

창의융합문제

무우는 소금이 쌓여 있는 모습을 보고 <그림>과 같이 삼각형과 원을 그렸습니다. 2부터 12까지 짝수를 한 번씩 써서 가장 큰 삼각형 위의 3개 원의 합이 18이고, 나머지 3개의 작은 삼각형 위의 3개 원의 합이 모두 22로 모두 같게 만들려고 합니다. 각 원 안에 알맞은 수를 적으세요.

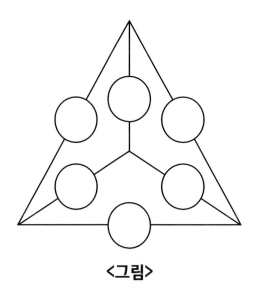

<그림>

멕시코에서 여섯째 날 모든 문제 끝~!
브라질로 이동하는 무우와 친구들에게 어떤 일이 일어날까요?

무한상상

무한상상

창의영재수학

아이앤아이

정답 및 풀이

초급
초등 3~5학년
A 수와 연산
멕시코편

무한상상

Imagine Infinite!

창의영재수학

아이앤아이

정답 및
풀이

 수와 연산
멕시코편

초급
초등 3~5학년

1. 수 만들기

대표문제 1 확인하기 1 ················· P. 13

[정답] 385

〈풀이 과정〉

① 400에 가까운 수를 구하기 위해서는 백의 자리에 3, 4가 들어가야 합니다. 백의 자리에 3, 4가 각각 들어갈 때를 나눠서 생각합니다.

ⅰ) 백의 자리에 3이 들어갈 때 400에 가까워지기 위해서 십의 자리에는 나머지 수 중에 가장 큰 수인 8이 들어가야 합니다. 일의 자리에는 그 다음 큰 수인 5가 들어가야 합니다. 백의 자리가 3일 때, 400과 가까운 수는 385입니다.

ⅱ) 백의 자리에 4가 들어갈 때 400에 가까워지기 위해서 십의 자리에는 나머지 수 중에 가장 작은 수인 3이 들어가야 합니다. 일의 자리에는 그 다음 작은 수인 5가 들어가야 합니다. 백의 자리가 4일 때, 400과 가까운 수는 435입니다.

② 400과 가장 가까운 수를 구하기 위해 385과 435를 각각 400과 차를 구합니다.

400 − 385 = 15이고 435 − 400 = 35로

400과 가장 가까운 수는 두 수의 차가 작은 385입니다.
(정답)

대표문제 1 확인하기 2 ················· P. 13

[정답] 12개

〈풀이 과정〉

① 40보다 큰 두 자리 수이므로 십의 자리에는 4, 5, 6을 놓아야 합니다.

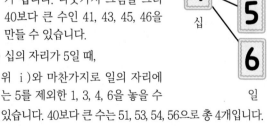

ⅰ) 십의 자리가 4일 때, 일의 자리에는 4를 제외한 1, 3, 5, 6을 놓을 수 있습니다. 40보다 큰 수는 총 4개가 됩니다. 나뭇가지 그림을 그려 40보다 큰 수인 41, 43, 45, 46을 만들 수 있습니다.

ⅱ) 십의 자리가 5일 때,
위 ⅰ)와 마찬가지로 일의 자리에는 5를 제외한 1, 3, 4, 6을 놓을 수 있습니다. 40보다 큰 수는 51, 53, 54, 56으로 총 4개입니다.

ⅲ) 십의 자리가 6일 때, 위 ⅰ)와 마찬가지로 일의 자리에는 6을 제외한 1, 3, 4, 5을 놓을 수 있습니다. 40 보다 큰 수는 61, 63, 64, 65로 총 4개입니다.

② 따라서 40보다 큰 두 자리 수는 4 + 4 + 4 = 12개입니다.
(정답)

대표문제 2 확인하기 ················· P. 15

[정답] 27개

〈풀이 과정〉

① 첫 번째 줄에서 누르는 수가 백의 자리에 옵니다. 백의 자리에는 1, 4, 7이 올 수 있습니다. 그 다음 두 번째 줄에서 첫 번째 줄에서 누른 수를 눌러도 되므로 십의 자리에도 1, 4, 7이 올 수 있습니다. 마지막 세 번째 줄에서 첫 번째와 두 번째 줄에서 누른 수를 눌러도 되므로 일의 자리에도 1, 4, 7이 올 수 있습니다.

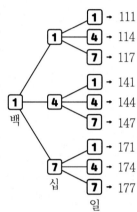

② 나뭇가지 그림과 같이 백의 자리에 1일 때, 십의 자리와 일의 자리에는 각각 1, 4, 7이 올 수 있으므로 만들 수 있는 세 자리 수는 총 3 × 3 = 9개입니다.

③ 백의 자리에 4와 7이 올 때도 나뭇가지 그림과 같이 십의 자리와 일의 자리에는 각각 1, 4, 7이 올 수 있습니다. 백의 자리가 4일 때와 7일 때, 만들 수 있는 세 자리 수는 각각 9개입니다.

④ 자물쇠를 열 때 누르는 수를 첫 번째 줄부터 차례대로 누르면 세 자리 수가 만들어집니다. 백의 자리가 1, 4, 7일 때, 각각 만들 수 있는 세 자리 수는 모두 9개로 같습니다. 자물쇠를 열 때 누르는 수의 개수는 총 3 × 9 = 27개입니다.
(정답)

연습문제 01 ················· P. 16

[정답] 365, 368, 385, 386, 563, 568, 583, 586, 683, 685

〈풀이 과정〉

① 첫 번째 조건에 따라 십의 자리에는 짝수를 놓아야 하므로 6, 8을 놓아야 합니다. 두 번째 조건에 따라 700보다 작은 수를 만들어야 하므로 백의 자리에는 3, 5, 6을 놓아야 합니다.

② 나뭇가지 그림에 따라 백의 자리에 3, 5, 6일 때, 각각 나눠서 생각합니다.

ⅰ) 백의 자리가 3일 때, 십의 자리에는 짝수인 6, 8을 놓고 일의 자리에는 백의 자리와 십의 자리에 놓은 수를 제외한 수를 놓습니다.

ⅱ) 백의 자리가 5일 때, 십의 자리에는 짝수인 6, 8을 놓고 일의 자리에는 백의 자리와 십의 자리에 놓은 수를 제외한 수를 놓습니다.

ⅲ) 백의 자리가 6일 때, 십의 자리에는 짝수인 8을 놓고 일의 자리에는 3, 5를 놓을 수 있습니다.

③ 따라서 〈조건〉에 만족하는 수는 365, 368, 385, 386, 563, 568, 583, 586, 683, 685(10가지)입니다.(정답)

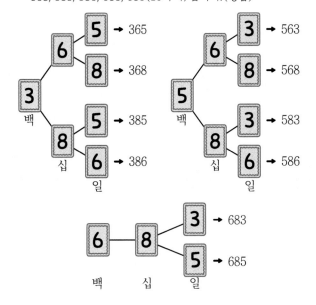

연습문제　　02　　⋯⋯⋯⋯⋯⋯⋯⋯　P. 16

[정답] 376

〈풀이 과정〉

① 네 번째로 큰 수를 구합니다. 가장 큰 수인 8을 백의 자리에 놓고 그 다음 큰 수인 7을 십의 자리에 놓고 세 번째로 큰 수인 5를 일의 자리에 놓으면 875로 가장 큰 세 자리 수가 됩니다. 아래 첫 빈칸에 가장 큰 수를 적은 후 십의 자리 또는 일의 자리의 수를 바꿔가며 가장 큰 수보다 작은 수를 차례대로 적습니다.

| 875 | – | 874 | – | 857 | – | 854 |

② 그다음 네 번째로 작은 수를 구합니다. 가장 작은 수인 4를 백의 자리에 놓고 그 다음 작은 수인 5를 십의 자리에 놓고 세 번째로 작은 수인 7을 일의 자리에 놓으면 457로 가장 작은 세 자리 수가 됩니다.

아래 첫 빈칸에 가장 작은 수를 적은 후 십의 자리 또는 일의 자리의 수를 바꿔가며 가장 작은 수보다 큰 수를 차례대로 적습니다.

| 457 | – | 458 | – | 475 | – | 478 |

③ 위 ①과 ②에 따라 네 번째로 큰 수와 네 번째로 작은 수는 각각 854와 478입니다.

두 수의 차는 854 – 478 = 376입니다.(정답)

연습문제　　03　　⋯⋯⋯⋯⋯⋯⋯⋯　P. 16

[정답] 16개

〈풀이 과정〉

① 첫 번째 줄에서 선택한 수부터 차례대로 적으면 두 자리 수가 나옵니다. 십의 자리에는 1, 4, 7, 3을 놓을 수 있습니다. 나뭇가지 그림과 같이 십의 자리에 1이 올 때, 두 번째 줄인 일의 자리에서 1, 4, 7, 3이 올 수 있습니다. 십의 자리가 1일 때, 만들 수 있는 수는 총 4개입니다.

② 위와 마찬가지로 십의 자리가 4, 7, 3일 때에도 일의 자리에는 각각 1, 4, 7, 3이 올 수 있습니다. 만들 수 있는 두 자리 수는 총 4 × 4 = 16개입니다. (정답)

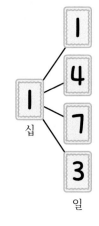

연습문제　　04　　⋯⋯⋯⋯⋯⋯⋯⋯　P. 17

[정답] 36, 86, 96, 38, 68, 98

〈풀이 과정〉

① 두 자리 수가 짝수가 되기 위해서는 일의 자리에 짝수가 들어가야 합니다.

일의 자리에는 6, 8일 때 나눠서 생각합니다.

② 나뭇가지 그림과 같이 일의 자리가 6일 때, 십의 자리에는 6을 제외한 나머지 3, 8, 9가 올 수 있습니다. 일의 자리가 8일 때, 십의 자리에는 8을 제외한 나머지 3, 6, 9가 올 수 있습니다.

③ 따라서 두 자리 짝수는 36, 86, 96, 38, 68, 98로 총 6개가 있습니다. (정답)

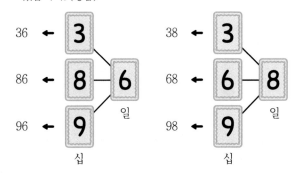

연습문제 **05** .... P. 17

[정답] 18개

〈풀이 과정〉

① 백의 자리에는 0이 올 수 없으므로 백의 자리에는 1, 4, 8이 올 수 있습니다.

② 나뭇가지 그림과 같이 백의 자리가 1일 때, 십의 자리에는 백의 자리에 놓은 1을 제외한 나머지 수가 올 수 있습니다. 일의 자리에는 백의 자리와 십의 자리에 놓은 수를 제외한 나머지 수들이 올 수 있습니다. 백의 자리가 1일 때, 만들 수 있는 세 자리 수는 총 3 × 2 = 6개입니다.

③ 위의 방법과 같이 백의 자리에 4, 8일 때에도 만들 수 있는 세 자리 수는 각각 6개입니다. 백의 자리가 1, 4, 8일 때, 만들 수 있는 세 자리 수는 총 6 × 3 = 18개입니다.(정답)

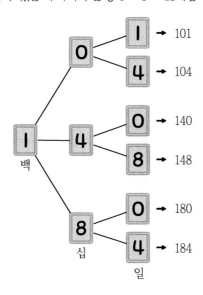

연습문제 **06** .... P. 17

[정답] 9개

〈풀이 과정〉

① 400보다 큰 수가 되기 위해서 백의 자리에는 4, 7을 놓아야 합니다.

ⅰ) 백의 자리가 4일 때, 〈나뭇가지 그림 1〉과 같이 십의 자리에는 2, 4, 7이 올 수 있고 일의 자리에는 십의 자리에 놓은 수를 제외한 나머지 2개의 수를 놓을 수 있습니다.

ⅱ) 백의 자리가 7일 때, 〈나뭇가지 그림 2〉와 같이 십의 자리가 4이면 일의 자리에는 2, 4가 올 수 있고 십의 자리가 2이면 일의 자리에 4만 놓을 수 있습니다.

② 따라서 400보다 큰 수는 ⅰ)에서 3 × 2 = 6개이고 ⅱ)에서 2 + 1 = 3개이므로 총 6 + 3 = 9개입니다. (정답)

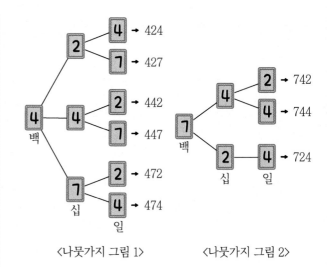

〈나뭇가지 그림 1〉   〈나뭇가지 그림 2〉

연습문제 **07** .... P. 18

[정답] 10개

〈풀이 과정〉

① 짝수가 되기 위해서는 일의 자리에 0, 2, 6을 놓아야 합니다.

ⅰ) 일의 자리에 0을 놓을 때, 나뭇가지 그림과 같이 십의 자리에는 2, 5, 6, 9를 놓을 수 있습니다.

ⅱ) 일의 자리에 2, 6을 놓을 때, 나뭇가지 그림과 같이 십의 자리에는 0을 제외한 나머지 수 3개를 놓을 수 있습니다.

② 따라서 만들 수 있는 두 자리 짝수는 4 + 3 + 3 = 10개입니다. (정답)

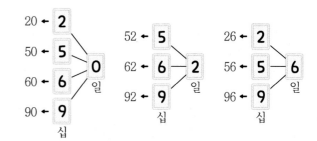

연습문제 **08** .... P. 18

[정답] 2, 3, 4, 5, 6

〈풀이 과정〉

① 무우가 236을 만들 수 있으므로 5장의 숫자 카드 중에 3장의 숫자 카드는 2, 3, 6입니다.

나머지 2장의 숫자 카드에는 0, 1, 4, 5, 7, 8, 9 중 2개입니다.

각 경우를 나눠서 생각합니다.

ⅰ) 2장의 숫자 카드 중에 0이 포함되어 있다면 가장 작은 세 자리 수가 203이 되어 세 번째로 작은 세 자리 수 236이

될 수 없습니다.

무우가 가진 숫자 카드에는 0이 포함되지 않습니다.

ⅱ) 2장의 숫자 카드 중에 1이 포함되어 있다면 가장 작은 세 자리 수가 123이 되어 세 번째로 작은 세 자리 수 236이 될 수 없습니다.

무우가 가진 숫자 카드에는 1이 포함되지 않습니다.

ⅲ) 2장의 숫자 카드가 4와 5인 경우, 가장 작은 세 자리 수는 234이고 두 번째로 작은 세 자리 수는 235입니다. 세 번째로 작은 세 자리 수가 236이 되므로 무우가 가진 숫자 카드에는 4와 5가 포함되어 있습니다.

ⅳ) 2장의 숫자 카드 중에 7, 8, 9 중 한 개 이상의 수가 있는 경우, 236이 세 번째로 작은 세 자리 수가 될 수 없습니다. 2장의 숫자 카드에는 7, 8, 9 중 한 개 이상의 수가 없습니다.

② 따라서 가장 작은 세 자리 수는 234이고 두 번째로 작은 세 자리 수는 235되므로 5장의 숫자 카드에 적힌 수는

2, 3, 4, 5, 6입니다. (정답)

연습문제 **09** ·························· P. 19

[정답] 24개

〈풀이 과정〉

① 천의 자리에는 2, 4, 7, 9가 올 수 있습니다.

각각의 경우를 나눠서 생각합니다.

ⅰ) 나뭇가지 그림과 같이 천의 자리에 2가 올 때, 백의 자리에는 천의 자리에 놓은 2를 제외한 4, 7, 9가 올 수 있습니다. 십의 자리에는 천의 자리와 백의 자리에 놓은 수를 제외한 2개의 수가 올 수 있습니다. 마지막으로 일의 자리에는 나머지 1개의 수를 놓습니다. 천의 자리가 2일 때, 만들 수 있는 네 자리 수는 총 3 × 2 × 1 = 6개입니다.

ⅱ) 천의 자리에 4, 7, 9일 때에도 위의 ⅰ)와 마찬가지로 만들 수 있는 네 자리 수는 각각 6개입니다.

② 따라서 만들 수 있는 네 자리 수는 총 6 × 4 = 24개입니다. (정답)

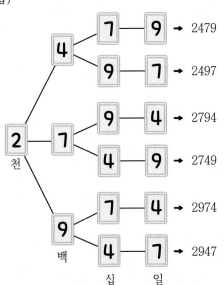

연습문제 **10** ··················· P. 19

[정답] 9개

〈풀이 과정〉

① 첫 번째 조건에 따라 백의 자리 수는 일의 자리 수보다 2만큼 더 크므로 표와 같이 일의 자리 수가 0, 1, 2, 3, 4일 때, 백의 자리는 각각 2, 3, 4, 5, 6입니다.

백의 자리 수	일의 자리 수
2	0
3	1
4	2
5	3
6	4

② 두 번째 조건에 따라 350보다 커야 하므로 백의 자리 수가 2보다 커야 합니다.

백의 자리에는 3, 4, 5, 6을 놓아야 합니다.

ⅰ) 백의 자리 수가 3일 때, 두 번째 조건과 세 번째 조건을 만족하는 수는 361밖에 없습니다.

ⅱ) 백의 자리 수가 4일 때, 세 번째 조건에 따라 모든 조건을 만족하는 수는 402, 462입니다.

ⅲ) 백의 자리 수가 5일 때, 세 번째 조건에 따라 모든 조건을 만족하는 수는 503, 523, 543, 563입니다.

ⅳ) 백의 자리 수가 6일 때, 세 번째 조건에 따라 모든 조건을 만족하는 수는 604, 624입니다.

③ 따라서 조건에 만족하는 수의 개수는

총 1 + 2 + 4 + 2 = 9개입니다. (정답)

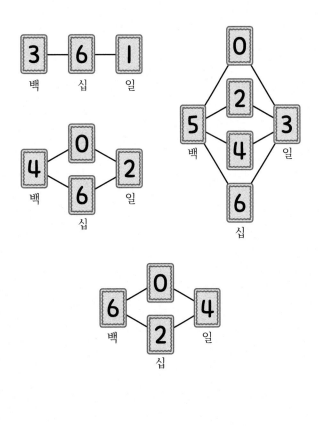

[정답] 12개

〈풀이 과정〉

① 400보다 큰 수가 되기 위해서는 백의 자리에는 1을 제외한 4, 7을 적어야 합니다.

  ⅰ) 〈나뭇가지 그림 1〉과 같이 백의 자리에 4를 적을 때, 십의 자리에는 1, 4, 7이 모두 올 수 있습니다. 일의 자리에는 400보다 큰 홀수이므로 1, 7이 와야 합니다. 백의 자리 수가 4일 때, 400보다 큰 홀수의 개수는 총 6개입니다.

  ⅱ) 〈나뭇가지 그림 2〉와 같이 백의 자리에 7을 적을 때, 십의 자리에는 1, 4, 7이 모두 올 수 있습니다. 일의 자리에는 400보다 큰 홀수이므로 1, 7이 와야 합니다. 백의 자리 수가 7일 때, 400보다 큰 홀수의 개수는 총 6개입니다.

② 따라서 400보다 큰 홀수의 개수는 총 6 + 6 = 12개입니다. (정답)

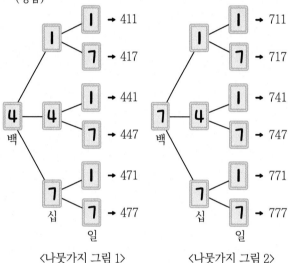

〈나뭇가지 그림 1〉   〈나뭇가지 그림 2〉

[정답] 45번째 수

〈풀이 과정〉

① 표와 같이 가장 작은 수부터 차례대로 나열하면 십의 자리 수는 0, 2, 3, 4, 5, 6 … 순서입니다. 일의 자리는 백의 자리와 십의 자리에 들어간 수를 제외한 나머지 수로 8개가 있습니다.

② 십의 자리가 6이 되기 전의 수의 개수는 총 5 × 8 = 40개이고 160부터 165까지 수의 개수는 5개입니다.

165는 40 + 5 = 45번째 수입니다. (정답)

백의 자리 수	십의 자리 수	일의 자리 수	수의 개수
1	0	2, 3, 4, 5, 6, 7, 8, 9	8개
	2	0, 3, 4, 5, 6, 7, 8, 9	8개
	3	0, 2, 4, 5, 6, 7, 8, 9	8개
	4	0, 2, 3, 5, 6, 7, 8, 9	8개
	5	0, 2, 3, 4, 6, 7, 8, 9	8개
	6	0, 2, 3, 4, 5	5개

[정답] 77개

〈풀이 과정〉

① 350보다 큰 세 자리 수이므로 백의 자리에는 3, 4, 5를 놓아야 합니다.

  ⅰ) 백의 자리의 수가 3일 때, 350보다 큰 수이므로 십의 자리에는 5를 놓아야 하고 일의 자리에는 0을 제외한 1부터 5까지 수를 놓을 수 있습니다. 백의 자리의 수가 3일 때, 350보다 큰 수는 총 5개입니다.

  ⅱ) 백의 자리의 수가 4일 때, 350보다 크므로 십의 자리에는 0부터 5까지 놓을 수 있고 일의 자리에도 십의 자리에 놓인 수와 상관없이 0부터 5까지 놓을 수 있습니다. 백의 자리의 수가 4일 때, 350보다 큰 수는 총 6 × 6 = 36개입니다.

  ⅲ) 백의 자리의 수가 5일 때, 위 ⅱ)와 마찬가지로 350보다 크므로 십의 자리와 일의 자리에 각각 0부터 5까지 놓을 수 있습니다. 백의 자리의 수가 5일 때, 350보다 큰 수는 총 6 × 6 = 36개입니다.

② 따라서 350보다 큰 세 자리 수는 5 + 36 + 36 = 77개입니다.

[정답] 9871

〈풀이 과정〉

① 무우는 2035를 만들 수 있으므로 4장의 숫자 카드 0, 2, 3, 5를 갖고 있습니다. 나머지 한 장의 숫자 카드에는 1, 4, 6, 7, 8, 9 중 한 개입니다. 각 경우를 나눠서 생각합니다.

  ⅰ) 한 장의 숫자 카드가 1이라면 가장 작은 네 자리 수가 1023이 되어 두 번째로 작은 네 자리 수인 2035가 될 수 없습니다. 무우가 가진 나머지 한 장의 숫자 카드는 1이 아닙니다.

  ⅱ) 한 장의 숫자 카드가 4라면 가장 작은 세 자리 수가 2034이 되어 두 번째로 작은 네 자리 수인 2035가 됩니다. 무우가 가진 나머지 한 장의 숫자 카드는 4입니다.

  ⅲ) 한 장의 숫자 카드가 6, 7, 8, 9 중 한 개의 수라면 가장 작은 네 자리 수는 2035가 되어 두 번째로 작은 네 자리 수가 안 됩니다. 무우가 가진 나머지 한 장의 숫자 카드는 6, 7, 8, 9가 아닙니다.

따라서 무우가 가져간 숫자 카드는 0, 2, 3, 4, 5입니다.

② 상상이는 무우가 뽑은 카드를 제외한 숫자 카드 1, 6, 7, 8, 9를 뽑았습니다. 이 숫자 카드로 만든 가장 큰 네 자리 수는 9876이고 두 번째로 큰 수는 9871입니다.

③ 따라서 상상이가 숫자 카드로 만든 네 자리 수에서 두 번째로 큰 수는 9871입니다. (정답)

[정답] 19개

〈풀이 과정〉

① 세 자리 짝수를 만들기 위해서는 일의 자리 주머니에서 0, 4를 꺼내야 하고, 각 자릿수의 숫자 구슬은 서로 달라야 합니다.

ⅰ) 일의 자리가 0일 때, 〈나뭇가지 그림 1〉과 같이 십의 자리에는 4개의 수가 올 수 있고 백의 자리에는 2개 또는 3개의 수가 올 수 있습니다. 일의 자리가 0일 때, 만들 수 있는 짝수의 개수는 11개입니다.

ⅱ) 일의 자리가 4일 때, 〈나뭇가지 그림 2〉와 같이 십의 자리에는 3개의 수, 백의 자리에는 2개 또는 3개의 수가 올 수 있습니다.
일의 자리가 4일 때, 만들 수 있는 짝수의 개수는 8개입니다.

② 따라서 서로 다른 구슬로 만든 짝수의 개수는

11 + 8 = 19개입니다. (정답)

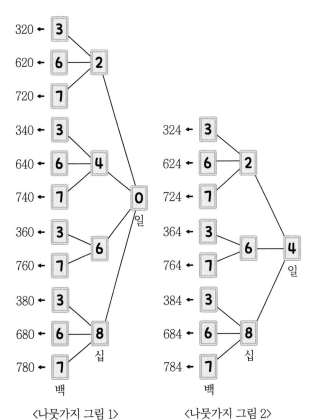

〈나뭇가지 그림 1〉   〈나뭇가지 그림 2〉

[정답] 15개

〈풀이 과정〉

① 첫 번째 조건에 따라 3000보다 크고 6000보다 작은 수이므로 천의 자리에는 3, 4, 5가 들어갑니다.

ⅰ) 천의 자리에 3을 적을 경우, 두 번째 조건에 따라 〈나뭇가지 그림 1〉과 같이 3210밖에 없습니다.

ⅱ) 천의 자리에 4를 적을 경우, 두 번째 조건에 따라 〈나뭇가지 그림 2〉와 같이 백의 자리에는 3, 2를 적을 수 있습니다. 십의 자리와 일의 자리에는 앞의 자릿수보다 작은 수를 적습니다. 총 4개의 네 자리 수가 있습니다.

ⅲ) 천의 자리에 5를 적을 경우, 두 번째 조건에 따라 〈나뭇가지 그림 3〉과 같이 백의 자리에는 4, 3, 2를 적을 수 있습니다. 십의 자리와 일의 자리에는 앞의 자릿수보다 다 작은 수를 적습니다.
총 10개의 네 자리 수가 있습니다.

② 모든 조건을 만족하는 네 자리 수는 모두

1 + 4 + 10 = 15개입니다. (정답)

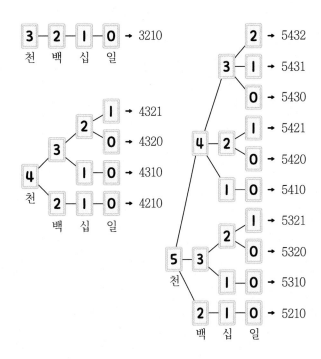

2. 수와 숫자의 개수

대표문제 1 　확인하기 1 ……………………………… P. 31

[정답] 24개

〈풀이 과정〉

① 71보다 큰 수는 72이고 96보다 작은 수는 95입니다.
72부터 95까지 수의 개수를 구하면 됩니다.

② (72부터 95까지 수의 개수) = (1부터 95까지 수의 개수)
− (1부터 71까지 수의 개수) = 95 − 71 = 24개입니다.
71보다 크고 96보다 작은 수의 개수는 모두 24개입니다.

대표문제 1 　확인하기 2 ……………………………… P. 31

[정답] 60개

〈풀이 과정〉

① 두 주머니 안에는 각각 21부터 49까지 연속된 수로 적힌 구
슬과 80부터 110까지 연속된 수로 적힌 구슬이 있습니다.
두 주머니 안에 있는 모든 구슬의 개수는 구슬에 적힌 연
속된 수의 개수와 같습니다.

② 21부터 49까지 연속된 수의 개수를 구하면
(1부터 49까지 수의 개수) − (1부터 20까지 수의 개수)
= 49 − 20 = 29개입니다.
그 다음 80부터 110까지 연속된 수의 개수를 구하면
(1부터 110까지 수의 개수) − (1부터 79까지 수의 개수)
= 110 − 79 = 31개입니다.

③ 두 주머니 안에 있는 구슬의 개수는 각각 29개와 31개입
니다. 두 주머니 안에 있는 모든 구슬의 개수는
29 + 31 = 60개입니다.

대표문제 2 　확인하기 1 ……………………………… P. 33

[정답] 14번

〈풀이 과정〉

① 49부터 89까지 일의 자리에 숫자 5를 적는 두 자리 수를
찾습니다. 이 경우에는 55, 65, 75, 85로 숫자 5를 총 4번
적습니다.

② 위와 같은 방법으로 49부터 89까지 십의 자리에 숫자 5를
적는 두 자리 수를 찾습니다. 이 경우에는 50, 51, 52, 53,
54, 55, 56, 57, 58, 59로 숫자 5를 총 10번 적습니다.

③ 따라서 49부터 89까지 숫자 5를 모두 14번 적습니다.

대표문제 2 　확인하기 2 ……………………………… P. 33

[정답] 15번

〈풀이 과정〉

① 20부터 90까지 수의 십의 자리에는 숫자 0과 1을 적을 수
없습니다. 두 숫자는 모두 일의 자리에 올 수밖에 없습니다.

② 20부터 90까지 일의 자리에 숫자 1을 적으면 21, 31, 41,
51, 61, 71, 81로 총 7번 적습니다.

③ 위와 같이 20부터 90까지 일의 자리에 숫자 0을 적으면
20, 30, 40, 50, 60, 70, 80, 90으로 총 8번 적습니다.

④ 따라서 20부터 90까지 숫자 1과 0은 모두 15번 적습니다.

대표문제 2 　확인하기 3 ……………………………… P. 33

[정답] 253개

〈풀이 과정〉

① 50부터 150까지 숫자의 개수를 구해야 하므로 두 자리 수
와 세 자리 수로 나눠서 각각의 수의 개수를 구한 후 숫자
의 개수를 구합니다.

② 두 자리 수인 50부터 99까지 수의 개수는
(1부터 99까지 수의 개수) − (1부터 49까지 수의 개수)
= 50개입니다.
그 다음 세 자리 수인 100부터 150까지 수의 개수는
(1부터 150까지 수의 개수) − (1부터 99까지 수의 개수)
= 51개입니다.

③ 각각의 수의 개수를 구했으므로
(두 자리 수의 숫자의 개수) = (두 자리 수의 개수) × 2
= 50 × 2 = 100개입니다. (세 자리 수의 숫자의 개수)
= (세 자리 수의 개수) × 3 = 51 × 3 = 153개입니다.

④ 따라서 50부터 150까지 숫자의 개수는
100 + 153 = 253개입니다.

[정답] 12번

〈풀이 과정〉

① 상상이는 5부터 90까지 적힌 숫자 카드에서 21부터 53까지 가져갔으므로 무우가 가진 숫자 카드는 5부터 20까지 적힌 숫자 카드와 54부터 90까지 적힌 숫자 카드입니다.

② 무우가 가진 5부터 20까지 적힌 숫자 카드와 54부터 90까지 적힌 숫자 카드에서 숫자 5가 적힌 수를 모두 구합니다.

③ 5부터 20까지 숫자 5가 적힌 수는 5, 15로 총 2번 나옵니다. 54부터 90까지 숫자 5를 일의 자리에 적으면 55, 65, 75, 85로 총 4번 나오고 숫자 5를 십의 자리에 적으면 54, 55, 56, 57, 58, 59로 총 6번 나옵니다.

④ 따라서 무우가 가진 숫자 카드에서 숫자 5가

총 2 + 4 + 6 = 12번 나옵니다. (정답)

[정답] 52번

〈풀이 과정〉

① 45자루를 8번부터 차례대로 적었으므로 무우가 적은 수의 개수가 45개입니다.

8부터 마지막까지 모두 적은 수의 개수가 45개가 되어야 합니다.

② (8부터 마지막 번호까지 수의 개수) = (1부터 마지막 번호까지 수의 개수) - (1부터 7까지 수의 개수)

= (1부터 마지막 번호까지 수의 개수) - 7 = 45

(1부터 마지막 번호까지 수의 개수)를 □라고 하면

□ - 7 = 45입니다. □에서 7을 빼서 45가 되기 위해서는 □는 52가 되어야 합니다.

1부터 마지막 번호까지 수의 개수가 52개이므로 마지막 번호는 52번입니다.

③ 무우는 마지막에 52번을 적었습니다. (정답)

[정답] 숫자 4 = 15번, 숫자 5 = 6번, 숫자 6 = 5번

〈풀이 과정〉

① 1부터 50까지 연속된 수를 적을 때, 각 숫자 4, 5, 6이 일의 자리와 십의 자리에 적는 수를 나눠서 구합니다.

ⅰ) 일의 자리에 숫자 4를 적는 수는 4, 14, 24, 34, 44로 총 5번입니다. 십의 자리에 숫자 4를 적는 수는 40, 41, 42, 43, 44, 45, 46, 47, 48, 49로 총 10번입니다.

숫자 4는 모두 15번 나옵니다.

ⅱ) 일의 자리에 숫자 5를 적는 수는 5, 15, 25, 35, 45로 총 5번입니다. 십의 자리에 숫자 5를 적는 수는 50으로 1번입니다.

숫자 5는 모두 6번 나옵니다.

ⅲ) 일의 자리에 숫자 6을 적는 수는 6, 16, 26, 36, 46으로 총 5번입니다. 십의 자리에 숫자 6을 적을 수 없습니다.

숫자 6은 모두 5번 나옵니다.

② 따라서 1부터 50까지 연속된 수를 적을 때, 숫자 4는 15번 적고, 숫자 5는 6번 적고, 숫자 6은 5번 적습니다. (정답)

[정답] 15개

〈풀이 과정〉

① 2쪽부터 31쪽까지 적혀있는 책에서 왼쪽 페이지에 적힌 수는 2와 30과 같이 모두 짝수입니다.

② 2쪽부터 31쪽까지 짝수만 모두 적으면 2, 4, 6, 8, 10, 12, 14, 16, 18, 20, 22, 24, 26, 28, 30입니다. 2쪽부터 31쪽까지 왼쪽 페이지에 적힌 수는 총 15개입니다. (정답)

③ 다른 풀이 방법으로 첫 페이지가 짝수부터 시작하고 마지막 페이지가 홀수로 끝나므로 2부터 31까지 수의 개수를 구한 후 짝수를 모두 구합니다.

(2부터 31까지 수의 개수) = 31 - 1 = 30개입니다.

짝수로 시작해 홀수로 끝나므로 30개의 수 중 짝수는

30 ÷ 2 = 15개이고 홀수도 15개입니다. (정답)

[정답] 16개

〈풀이 과정〉

① 30부터 100까지 연속된 수에서 일의 자리에 5가 들어가는 수는 35, 45, 55, 65, 75, 85, 95로 총 7개입니다.

또한, 십의 자리에 5가 들어가는 수는 50, 51, 52, 53, 54, 55, 56, 57, 58, 59로 총 10개입니다.

② 일의 자리에 5가 들어가는 수에 55가 있고 십의 자리에 5가 들어가는 수에도 55가 있습니다. 30부터 100까지 5가 들어가는 전체 수의 개수에서 1개를 빼야 합니다.

③ 따라서 30부터 100까지 5가 들어가는 수의 개수는
7 + 10 − 1 = 16개입니다. (정답)

[정답] 22번

〈풀이 과정〉

① 100부터 200까지 연속된 수에서 숫자 0은 백의 자리에 올 수 없고 일의 자리와 십의 자리에 올 수 있습니다.

② 100부터 200까지 연속된 수에서 숫자 0이 일의 자리에 오는 경우는 100, 110, 120, 130, 140, 150, 160, 170, 180, 190, 200으로 총 11번입니다.

③ 숫자 0이 십의 자리에 오는 경우는 100, 101, 102, 103, 104, 105, 106, 107, 108, 109, 200으로 총 11번입니다.

④ 따라서 100부터 200까지 연속된 수를 적을 때, 숫자 0은 모두 22번 적습니다. (정답)

[정답] 19개

〈풀이 과정〉

① 300부터 500까지 연속된 수를 적을 때, 숫자 4가 두 번만 들어가는 경우는 표와 같이 ㉠, ㉡, ㉢과 같이 세 가지가 있습니다.

	백의 자리	십의 자리	일의 자리
㉠		4	4
㉡	4	4	
㉢	4		4

ⅰ) ㉠의 경우는 십의 자리와 일의 자리에 4가 동시에 들어갈 때입니다.

300부터 500까지의 수이므로 백의 자리에는 3, 4가 들어가면 344와 444가 있습니다. 하지만 444는 숫자 4가 세 번 들어가므로 제외해야 합니다.

㉠의 경우에 해당하는 수는 344로 1개밖에 없습니다.

ⅱ) ㉡의 경우는 백의 자리와 십의 자리에 4가 동시에 들어갈 때입니다.

300부터 500까지 수이므로 440, 441, 442, 443, 444, 445, 446, 447, 448, 449로 총 10개입니다. 하지만 444는 숫자 4가 세 번 들어가므로 제외해야 합니다.

㉡의 경우에 해당하는 수는 10 − 1 = 9개입니다.

ⅲ) ㉢의 경우는 백의 자리와 일의 자리에 4가 동시에 들어갈 때입니다.

300부터 500까지 수이므로 404, 414, 424, 434, 444, 454, 464, 474, 484, 494로 총 10개입니다. 하지만 444는 숫자 4가 세 번 들어가므로 제외해야 합니다.

㉢의 경우에 해당하는 수는 10 − 1 = 9개입니다.

② 따라서 300부터 500까지 연속된 수에서 숫자 4가 두 번만 들어가는 수는 ㉠, ㉡, ㉢의 경우를 모두 합한
1 + 9 + 9 = 19개입니다. (정답)

[정답] 110쪽

〈풀이 과정〉

① 60부터 99까지 숫자의 개수를 구합니다. 두 자리 수인 60부터 99까지 연속된 수의 개수는

(1부터 99까지 수의 개수) – (1부터 59까지 수의 개수) = 99 – 59 = 40입니다.

60부터 99까지 숫자의 개수 = (60부터 99까지 수의 개수) × 2 = 40 × 2 = 80개입니다.

② 무우가 읽은 쪽수의 숫자 개수인 113개에서 80개를 빼면 33개입니다. 세 자리 수인 100부터 마지막 쪽수까지 숫자의 개수가 33개입니다.

③ 100부터 숫자의 개수가 33개가 되도록 적습니다. 100, 101, 102, 103, 104, 105, 106, 107, 108, 109, 110까지 숫자의 개수가 모두 33개입니다. 수의 개수는 11개입니다. 무우는 110쪽까지 읽었습니다.

위 ③와 다른 방법으로 (100부터 마지막 쪽수까지 숫자의 개수) = (100부터 마지막 쪽수까지 수의 개수) × 3 = 33이므로 (100부터 마지막 쪽수까지 수의 개수)가 11개가 됩니다.

(100부터 마지막 쪽수까지 수의 개수) = (1부터 마지막 쪽수까지 수의 개수) – (1부터 99까지 수의 개수) = 11개입니다.

(1부터 마지막 쪽수까지 수의 개수) = □라고 하면

□ – 99 = 11입니다.

□ = 110이 되면 110 – 99 = 11이 됩니다.

(1부터 마지막 쪽수까지 수의 개수) = 110개입니다.

④ 따라서 1부터 110까지 수의 개수가 110개이므로 무우가 110쪽까지 읽었습니다. (정답)

[정답] 47

〈풀이 과정〉

① 표와 같이 숫자 0부터 9까지 각 숫자를 몇 번 적는지 구합니다.

② 가장 많이 적는 숫자는 1이고 가장 적게 적는 숫자는 6입니다. 두 숫자의 차이는 50개 – 3개 = 47입니다. (정답)

숫자	자릿수	수	숫자의 개수
숫자 '1'	일의 자리에 적을 때	101, 111, 121, 131	4개 + 10개 + 36개 = 총 50개
	십의 자리에 적을때	110, 111, 112, 113, 114, 115, 116, 117, 118, 119	
	백의 자리에 적을때	100부터 135까지 수	
숫자 '2'	일의 자리에 적을 때	102, 112, 122, 132	4개 + 10개 = 총 14개
	십의 자리에 적을 때	120, 121, 122, 123, 124, 125, 126, 127, 128, 129	
숫자 '3'	일의 자리에 적을 때	103, 113, 123, 133	4개 + 6개 = 총 10개
	십의 자리에 적을 때	130, 131, 132, 133, 134, 135	
숫자 '4'	일의 자리에 적을 때	104, 114, 124, 134	총 4개
숫자 '5'	일의 자리에 적을 때	105, 115, 125, 135	총 4개
숫자 '6'	일의 자리에 적을 때	106, 116, 126	총 3개
숫자 '7'	일의 자리에 적을 때	97, 107, 117, 127	총 4개
숫자 '8'	일의 자리에 적을 때	98, 108, 118, 128	총 4개
숫자 '9'	일의 자리에 적을 때	99, 109, 119, 129	4개 + 3개 = 총 7개
	십의 자리에 적을 때	97, 98, 99	
숫자 '0'	일의 자리에 적을 때	100, 110, 120, 130	4개 + 10개 = 총 14개
	십의 자리에 적을 때	100, 101, 102, 103, 104, 105, 106, 107, 108, 109	

연습문제　10 ·········· P. 37

[정답] 25번

〈풀이 과정〉

① 500부터 1000까지 짝수만 모두 적었으므로 일의 자리에는 숫자 0, 2, 4, 6, 8만 있습니다. 숫자 3은 500부터이므로 백의 자리와 일의 자리에 올 수 없고 십의 자리에만 적을 수 있습니다.

② 백의 자리가 5일 때, 숫자 3을 적는 수는

530, 532, 534, 536, 538로 총 5번 적습니다.

백의 자리가 6일 때, 숫자 3을 적는 수는

630, 632, 634, 636, 638로 총 5번 적습니다.

백의 자리가 7일 때, 숫자 3을 적는 수는

730, 732, 734, 736, 738로 총 5번 적습니다.

백의 자리가 8일 때, 숫자 3을 적는 수는

830, 832, 834, 836, 838로 총 5번 적습니다.

백의 자리가 9일 때, 숫자 3을 적는 수는

930, 932, 934, 936, 938로 총 5번 적습니다.

③ 따라서 500부터 1000까지 짝수만 적었을 때, 숫자 3은 총 $5 \times 5 = 25$번 적습니다. (정답)

심화문제　01 ·········· P. 38

[정답] 홀수의 개수 = 115개, 적는 숫자의 개수 = 330개

〈풀이 과정〉

① 70부터 300까지 연속된 수 중에서 홀수는 일의 자리에 1, 3, 5, 7, 9가 들어갑니다. 두 자리 수인 70부터 99까지 연속된 수 중에서 홀수의 개수를 구합니다.

ⅰ) 두 자리 수인 70부터 99까지 연속된 수 중에서 홀수의 개수

십의 자리가 7일 때, 홀수는 71, 73, 75, 77, 79로 총 5개입니다.

십의 자리가 8일 때, 홀수는 81, 83, 85, 87, 89로 총 5개입니다.

십의 자리가 9일 때, 홀수는 91, 93, 95, 97, 99로 총 5개입니다.

ⅱ) 세 자리 수인 100부터 300까지 연속된 수 중에서 홀수의 개수

백의 자리가 1일 때, 표와 같이 십의 자리에 0부터 9까지 올 수 있으므로 총 홀수의 개수는 $10 \times 5 = 50$개입니다.

백의 자리가 2일 때는 백의 자리가 1일 때와 같이 십의 자리에 0부터 9까지 올 수 있으므로 총 홀수의 개수는 $10 \times 5 = 50$개입니다.

ⅲ) 위 ⅰ)와 ⅱ)의 방법 외에도 70인 짝수부터 시작하고 300인 짝수로 끝나므로 짝수의 개수가 홀수의 개수보다

1개 더 많습니다. 70부터 300까지 수의 개수를 구하면 $300 - 69 = 231$개이므로 이 중의 절반인 115개는 홀수이고 116개는 짝수입니다.

② 따라서 70부터 300까지 홀수의 개수는

$5 \times 3 + 50 \times 2 = 15 + 100 = 115$개입니다. (정답)

③ 70부터 300까지 홀수를 적은 숫자의 개수를 구하기 위해 두 자리 홀수의 개수와 세 자리 홀수의 개수를 각각 구합니다.

두 자리 홀수의 개수는 ⅰ)에서 구한 값으로 15개이므로 두 자리 홀수를 적은 숫자의 개수는 $15 \times 2 = 30$개입니다.

세 자리 홀수의 개수는 ⅱ)에서 구한 값으로 100개이므로 세 자리 홀수를 적은 숫자의 개수는 $100 \times 3 = 300$개입니다.

④ 따라서 70부터 300까지 홀수를 적는 숫자 개수는 $30 + 300 = 330$개입니다. (정답)

백의 자리	십의 자리	일의 자리	홀수인 세 자리 수
1	0	1, 3, 5, 7, 9	101, 103, 105, 107, 109
	1	1, 3, 5, 7, 9	111, 113, 115, 117, 119
	2	1, 3, 5, 7, 9	121, 123, 125, 127, 129
	3	1, 3, 5, 7, 9	131, 133, 135, 137, 139
	4	1, 3, 5, 7, 9	141, 143, 145, 147, 149
	5	1, 3, 5, 7, 9	151, 153, 155, 157, 159
	6	1, 3, 5, 7, 9	161, 163, 165, 167, 169
	7	1, 3, 5, 7, 9	171, 173, 175, 177, 179
	8	1, 3, 5, 7, 9	181, 183, 185, 187, 189
	9	1, 3, 5, 7, 9	191, 193, 195, 197, 199

[정답] 17번

〈풀이 과정〉

① 11시부터 12시까지 숫자 2가 모두 몇 번 표시되는지 찾아야 합니다. 시계에서 분은 60분까지 있습니다.

ⅰ) 숫자 2가 일의 자리에 표시될 때 2분, 12분, 22분, 32분, 42분, 52분으로 6번 표시됩니다.

ⅱ) 숫자 2가 십의 자리에 표시될 때 20분, 21분, 22분, 23분, 24분, 25분, 26분, 27분, 28분, 29분으로 총 10번 표시됩니다.

ⅲ) 12시일 때에도 숫자 2가 표시됩니다.

② 11시부터 12시까지 한 시간 동안 숫자 2는 모두

6 + 10 + 1 = 17번 표시됩니다. (정답)

[정답] 숫자 5

〈풀이 과정〉

① 1부터 9까지 한 자리 수의 숫자의 개수는 9개입니다. 100번째에서 9개를 빼서 숫자의 개수가 91개일 때 99번째 숫자를 찾아야 합니다. 어떤 두 자리 수를 □라고 합니다.

② 10부터 □까지 숫자의 개수는

(10부터 □까지 수의 개수) × 2입니다. 하지만 91은 짝수가 아니므로 (10부터 □까지 수의 개수) × 2 = 90으로 (10부터 □까지 수의 개수) = 45로 □를 찾습니다.

③ (10부터 □까지 수의 개수) = (1부터 □까지 수의 개수) − (1부터 9까지 수의 개수)입니다.

(1부터 □까지 수의 개수) = □개입니다. □ − 9 = 45이므로 □에서 9를 빼서 45가 되므로 □는 54입니다.

(1부터 □까지 수의 개수) = 54입니다.

④ 〈그림〉과 같이 1부터 9까지 9개의 숫자를 적고 10부터 54까지 90개의 숫자를 적으면 총 99개의 숫자를 적어 99번째 숫자를 알 수 있습니다. 54 다음 55를 적으므로 100번째 숫자는 5가 됩니다. (정답)

숫자의 개수 = 9개 　　 숫자의 개수 = 90개

수의 개수 = 9개 　　 수의 개수 = 45개

1 2 3 4 5 6 7 8 9 10 11 12 13 14 ··· 54 55

9번째 숫자　　　　　　　　100번째 숫자

숫자의 개수 = 99개

〈그림〉

[정답] 160

〈풀이 과정〉

① 숫자 카드 △를 총 27번 사용했으므로 숫자 6을 27번 사용한 것과 같습니다. 숫자 6을 일의 자리에 놓는 경우와 십의 자리에 놓는 경우를 생각합니다.

ⅰ) 두 자리 수에서 일의 자리에 숫자 6을 놓으면 6, 16, 26, 36, 46, 56, 66, 76, 86, 96으로 총 10번 사용하고 십의 자리에 숫자 6을 놓으면 60, 61, 62, 63, 64, 65, 66, 67, 68, 69로 총 10번 사용합니다. 두 자리 수에서 숫자 6은 모두 20번 사용합니다.

세 자리 수에서 숫자 6을 모두 27번 − 20번 = 7번 사용해야 합니다.

ⅱ) 세 자리 수에서 숫자 6이 들어간 작은 수부터 차례대로 나열하면 106, 116, 126, 136, 146, 156, 160입니다. 만약 무우가 166을 만들게 된다면 160부터 165까지 숫자 6을 십의 자리에 놓게 되어 5개가 더 늘어나므로 160까지만 만들어야 합니다.

② 따라서 숫자 카드 △인 숫자 6을 총 27번 사용하기 위해 무우는 1부터 160까지 만들어야 합니다. (정답)

[정답] 83층

〈풀이 과정〉

① 1부터 123까지 수 중에서 숫자 0과 4가 들어간 수를 빼면 이 건물의 층수를 알 수 있습니다.

② 숫자 0이 일의 자리에 들어갈 때 10, 20, 30, 40, 50, 60, 70, 80, 90, 100, 110, 120으로 총 12개입니다.

숫자 0이 십의 자리에 들어갈 때, 100, 101, 102, 103, 104, 105, 106, 107, 108, 109로 총 10개입니다.

숫자 4가 일의 자리에 들어갈 때, 4, 14, 24, 34, 44, 54, 64, 74, 84, 94, 104, 114로 총 12개입니다.

숫자 4가 십의 자리에 들어갈 때, 40, 41, 42, 43, 44, 45, 46, 47, 48, 49로 총 10개입니다.

③ 숫자 0과 4가 모두 들어가는 수는 40, 104로 두 번씩 포함되어 있으므로 2개를 빼야 하고 44, 100도 두 번씩 포함되어 있으므로 2개를 빼야 합니다.

④ 따라서 건물의 층수는 123 − (12 + 10 + 12 + 10 − 4) = 123 − 40 = 83층입니다. (정답)

창의적문제해결수학 **02** .... P. 43

[정답] 54명

〈풀이 과정〉

① 표와 같이 숫자 1과 숫자 9를 각 자리에 놓는 방법입니다. 각 빨간색 칸에는 숫자 0부터 9까지 놓을 수 있습니다.

② ㉠에서 백의 자리에 숫자 0을 놓는다면 091로 두 자리 수인 91이 됩니다. ㉠에서 백의 자리에 0부터 9까지 놓으면 91, 191, 291, 391, 491, 591, 691, 791, 891, 991로 총 10개의 수를 만들 수 있습니다.

③ ㉡에서도 위 ㉠와 같이 19, 119, 219, 319, 419, 519, 619, 719, 819, 919로 총 10개의 수를 만들 수 있습니다.

㉢, ㉣, ㉤, ㉥에서 빨간색 칸에 각각 숫자 0부터 9까지 놓으면 총 10개씩 수를 만들 수 있습니다.

④ 빨간색 칸에 숫자 0부터 9까지 놓으면 ㉠부터 ㉥까지 중복되는 수가 있습니다. ㉠부터 ㉥까지 2번씩 나오는 수는 191, 991, 119, 919, 911, 199로 총 6개입니다.

⑤ 종합하여 표에서 빨간색 칸에 숫자 0부터 9까지 놓았을 때 만들 수 있는 수는 총 6 × 10 = 60개입니다. 이 중 중복되는 6개의 수를 빼면 숫자 1과 숫자 9가 모두 포함된 수는 60 − 6 = 54개입니다.

한국에서 온 참가자는 모두 54명입니다.

	백의 자리	십의 자리	일의 자리
㉠		9	1
㉡		1	9
㉢	9		1
㉣	1		9
㉤	9	1	
㉥	1	9	

3. 연속하는 자연수

대표문제 I 확인하기 1 .... P. 49

[정답] 70

〈풀이 과정〉

① 6, 10, 14, 18, 22는 일정하게 4씩 늘어나는 규칙성이 있습니다. 4씩 늘어나는 수는 모두 5개로 홀수 개입니다.
〈그림〉과 같이 중간 수인 14를 제외한 나머지 6과 22, 10과 18을 두 수씩 합이 같도록 짝을 연결합니다.

② 두 수씩 짝을 연결하면 6 + 22 = 28, 10 + 18 = 28로 28 = 14 + 14입니다.
6 + 10 + 14 + 18 + 22
= 14 + 14 + 14 + 14 + 14 = 14 × 5 = 70입니다.

$$6 + 22 = 28 = \boxed{14} \times 2$$
$$6 + 10 + \boxed{14} + 18 + 22$$
중간 수
$$10 + 18 = 28 = \boxed{14} \times 2$$

〈그림〉

대표문제 I 확인하기 2 .... P. 49

[정답] 100

〈풀이 과정〉

① 2, 5, 8, 11, 14, 17, 20, 23은 일정하게 3씩 늘어나는 규칙성이 있습니다. 3씩 늘어나는 수는 모두 8개로 짝수 개입니다. 〈그림〉과 같이 두 수씩 짝지어 합이 같도록 연결합니다. 2와 23, 5와 20, 8과 17, 11과 14를 짝지으면 각 두 수의 합이 25로 모두 같습니다.

② 따라서 합이 25인 쌍이 4개이므로
2 + 5 + 8 + 11 + 14 + 17 + 20 + 23 = 25 × 4
= 100입니다.

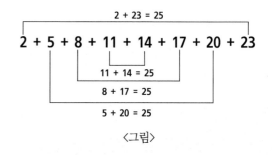

2 + 23 = 25
2 + 5 + 8 + 11 + 14 + 17 + 20 + 23
11 + 14 = 25
8 + 17 = 25
5 + 20 = 25

〈그림〉

[정답] 35 = 17 + 18,   35 = 5 + 6 + 7 + 8 + 9,
     35 = 2 + 3 + 4 + 5 + 6 + 7 + 8

〈풀이 과정〉

① 연속하는 2개의 자연수의 합으로 35를 만들 수 있는 수는 17과 18밖에 없습니다. 35 = 17 + 18입니다.

② 연속하는 자연수의 개수가 5개와 7개이므로 홀수입니다.
  (연속하는 자연수의 합) = (중간 수) × (연속하는 자연수의 개수)에서 (중간 수)를 △로 놓습니다.

ⅰ) 연속하는 자연수의 개수가 5일 때, 35 = △ × 5이므로 △가 7일 때 5와 곱하면 35가 됩니다. (중간 수)는 7입니다. (중간 수)인 7을 기준으로 나머지 4개의 수는 5, 6, 8, 9입니다. 35 = 5 + 6 + 7 + 8 + 9로 5개의 자연수로 나타낼 수 있습니다.

ⅱ) 연속하는 자연수의 개수가 7일 때, 35 = △ × 7이므로 △가 5일 때 7과 곱하면 35가 됩니다. (중간 수)는 5입니다. (중간 수)인 5를 기준으로 나머지 6개의 수는 2, 3, 4, 6, 7, 8입니다.
  35 = 2 + 3 + 4 + 5 + 6 + 7 + 8로 7개의 자연수로 나타낼 수 있습니다.

③ 따라서 35를 연속하는 2개, 5개, 7개의 자연수의 합으로 나타내면 각각
  35 = 17 + 18,
  35 = 5 + 6 + 7 + 8 + 9,
  35 = 2 + 3 + 4 + 5 + 6 + 7 + 8입니다.

[정답] 무우가 7장 더 풀었습니다.

〈풀이 과정〉

① 무우는 7일동안 매일 8장씩 수학 문제집을 풀었으므로 7일 동안 총 8 + 8 + 8 + 8 + 8 + 8 + 8 = 8 × 7 = 56장을 풀었습니다.

② 상상이는 월요일에 1장, 화요일에 3장, 수요일에 5장으로 매일 2장씩 늘려가며 수학 문제집을 풀었습니다. 상상이가 7일 동안 푼 장수는 1 + 3 + 5 + 7 + 9 + 11 + 13을 구하면 됩니다.

③ 〈그림〉과 같이 중간 수인 7을 제외한 나머지 1, 3, 5, 9, 11, 13을 두 수씩 합이 같도록 짝을 연결합니다. 두 수씩 짝을 연결하면 1 + 13 = 14, 3 + 11 = 14, 5 + 9 = 14로 14 = 7 + 7입니다.
  1 + 3 + 5 + 7 + 9 + 11 + 13
  = 7 + 7 + 7 + 7 + 7 + 7 + 7 = 7 × 7 = 49입니다.

④ 무우는 7일 동안 총 56장을 풀었고 상상이는 7일 동안 총 49장을 풀었습니다.
  무우가 상상이보다 56 - 49 = 7장 더 풀었습니다.

```
        1 + 13 = 14 = ⑦× 2
   ┌──────────────────────────────┐
1 + 3 + 5 +⑦+ 9 + 11 + 13
           ↓
         중간 수
       5 + 9 = 14 =⑦× 2
       3 + 11 = 14 =⑦× 2
```
〈그림〉

[정답] 324

〈풀이 과정〉

① 주어진 식은 38 + 42 + 40 + 39 + 43 + 37 + 44 + 41입니다. 이 식을 작은 수부터 차례대로 적습니다.
  37 + 38 + 39 + 40 + 41 + 42 + 43 + 44로 37부터 44까지 연속하는 자연수의 합을 구하면 됩니다.

② 연속하는 자연수의 개수가 8개로 짝수입니다.
  (연속하는 자연수의 합) = (처음 수와 마지막 수의 합) × (쌍의 개수)이므로 (쌍의 개수)를 구합니다.
  〈그림〉과 같이 두 수씩 짝지어 합하면 81입니다.
  짝지은 쌍의 개수는 모두 4개입니다.

③ 따라서 37부터 44까지 연속하는 자연수의 합은
  81 + 81 + 81 + 81 = 81 × 4 = 324입니다.

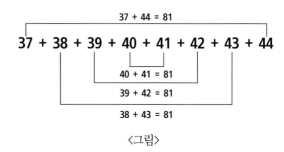

〈그림〉

연습문제 **03** ·········· P. 52

[정답] 78

〈풀이 과정〉

① 무우가 본 시계에 적힌 수는 1부터 12까지입니다. 적힌 수를 모두 합하면 $1 + 2 + 3 + 4 + 5 + 6 + 7 + 8 + 9 + 10 + 11 + 12$로 연속하는 수의 개수는 12개로 짝수입니다. 한 개씩 수를 더하지 말고 두 수씩 짝지어 문제를 해결합니다.

② (연속하는 자연수의 합) = (처음 수와 마지막 수의 합) × (쌍의 개수)이므로 (쌍의 개수)를 구합니다.

〈그림〉과 같이 두 수씩 짝지어 합하면 13입니다.

짝지은 쌍의 개수는 모두 6개입니다.

③ 따라서 1부터 12까지 연속하는 자연수의 합은

$13 × 6 = 78$입니다. (정답)

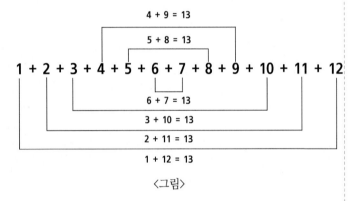

〈그림〉

연습문제 **04** ·········· P. 52

[정답] 7

〈풀이 과정〉

① 주어진 식에서 $(2 + 4 + 6 + 8 + 10 + 12)$는 연속하는 짝수의 합이고 $(1 + 3 + 5 + 7 + 9 + 10)$은 1부터 9까지 연속하는 홀수의 합한 후 10을 더한 것입니다. 한 개씩 수를 더하지 말고 두 수씩 짝지어 문제를 해결합니다.

② $2 + 4 + 6 + 8 + 10 + 12$는 연속하는 짝수의 개수가 6개이므로 〈그림 1〉과 같이 두 수씩 짝지어 합이 같도록 연결합니다. 2와 12, 4와 10, 6과 8을 짝지으면 각 두 수의 합이 14로 모두 같습니다. 합이 14인 쌍이 3개이므로

$2 + 4 + 6 + 8 + 10 + 12 = 14 × 3 = 42$입니다.

③ $1 + 3 + 5 + 7 + 9$은 연속하는 홀수의 개수가 5개이므로 〈그림 2〉와 같이 중간 수인 5를 제외한 나머지 1, 3, 7, 9를 두 수씩 합이 같도록 짝을 연결합니다. 두 수씩 짝을 연결하면 $1 + 9 = 10 = 5 + 5$, $3 + 7 = 10 = 5 + 5$입니다.

$1 + 3 + 5 + 7 + 9$

$= 5 + 5 + 5 + 5 + 5 = 5 × 5 = 25$입니다.

④ $(2 + 4 + 6 + 8 + 10 + 12) = 42$이고

$(1 + 3 + 5 + 7 + 9) = 25$이고 10은 별도로 더해줍니다.

〈보기〉의 식인

$(2 + 4 + 6 + 8 + 10 + 12) - (1 + 3 + 5 + 7 + 9 + 10) = 42 - (25 + 10) = 42 - 35 = 7$입니다.

(정답)

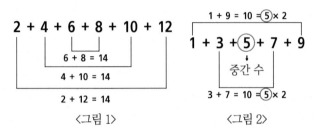

〈그림 1〉　　　〈그림 2〉

연습문제 **05** ·········· P. 53

[정답] 120

〈풀이 과정〉

① $8 + 10 + 12 + 14 + 16 + 18 + 20 + 22$는 연속하는 짝수의 개수가 8개입니다.

(연속하는 자연수의 합) = (처음 수와 마지막 수의 합) × (쌍의 개수)이므로 (쌍의 개수)를 구합니다.

짝지은 쌍의 개수는 모두 4개입니다. 〈그림〉과 같이 두 수씩 짝지어 합하면 30입니다.

② 따라서 8부터 22까지 연속하는 짝수의 합은

$30 + 30 + 30 + 30 = 30 × 4 = 120$입니다. (정답)

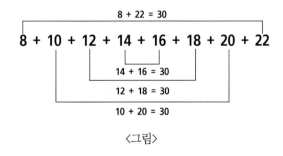

〈그림〉

[정답] 상상 = 13개, 알알 = 10개, 제이 = 7개

<풀이 과정 1>

① 무우가 상상, 알알, 제이에게 각각 10개씩 나눠 줍니다.

무우가 상상이에게 준 초콜릿은 알알이에게 준 초콜릿보다 3개 많았으므로 알알이가 가진 10개 중 3개를 상상이에게 줍니다.

그러면 상상, 알알, 제이는 각각 13개, 7개, 10개를 가지고 있습니다.

② 그 다음 무우가 제이에게 준 초콜릿은 알알이에게 준 초콜릿보다 3개 적었으므로 제이가 가진 10개 중 3개를 알알이에게 줍니다.

그러면 상상, 알알, 제이는 각각 13개, 10개, 7개 가지고 있습니다.

③ 따라서 무우가 상상, 알알, 제이에게 초콜릿을 각각 13개, 10개, 7개로 나눠 줬습니다. (정답)

<풀이 과정 2>

① 무우가 상상이에게 준 초콜릿은 알알이에게 준 초콜릿보다 3개 더 많았으므로 알알이가 가진 초콜릿의 개수를 □라고 둡니다.

그러면 상상이가 가진 초콜릿의 개수는 □개보다 3개 더 많으므로 (□ + 3)개입니다.

② 무우가 제이에게 준 초콜릿은 알알이에게 준 초콜릿보다 3개 더 적었으므로 알알이는 □개를 가지고 있으므로 제이는 □개보다 3개 더 적으므로 (□ - 3)개입니다.

③ 무우가 상상, 알알, 제이에게 총 초콜릿을 30개 나눠줬으므로 세 명이 가지고 있는 초콜릿을 합하면

(□ + 3) + □ + (□ - 3) = 30입니다.

□ + □ + □ = 30이므로 □가 10이면

10 + 10 + 10 = 30으로 만족합니다.

상상, 알알, 제이는 각각 13개, 10개, 7개를 가지고 있습니다. (정답)

[정답] 84 = 9 + 11 + 13 + 15 + 17 + 19

<풀이 과정>

① 연속하는 홀수의 개수가 6개이므로 짝수 개입니다. 두 수씩 짝을 지으면

(쌍의 개수) = (연속하는 홀수의 개수) ÷ 2 = 6 ÷ 2

= 3개입니다.

② (연속하는 홀수의 합) = (연속하는 중간 두 홀수의 합) × (쌍의 개수)에서 (연속하는 중간 두 홀수의 합)을 □로 놓습니다.

84 = □ × 3이므로 □가 28일 때 3과 곱하면 84가 됩니다. (연속하는 중간 두 홀수의 합)은 28입니다.

③ (연속하는 중간 두 홀수의 합)이 28이 되기 위해 연속하는 두 홀수는 13과 15밖에 없습니다. 쌍의 개수가 총 3개이므로 13보다 작은 홀수 9, 11과 15보다 큰 홀수 17, 19를 빈칸에 적습니다.

④ 따라서 84 = 9 + 11 + 13 + 15 + 17 + 19로 연속하는 6개의 홀수로 나타낼 수 있습니다. (정답)

[정답] 87

<풀이 과정>

① 연속하는 3개의 두 자리 수이므로 십의 자리 숫자는 모두 같거나 한 개만 달라야 합니다. 십의 자리 숫자의 합인 7을 연속하는 수의 개수인 3으로 나눠지지 않으므로 십의 자리 숫자는 한 개만 달라야 합니다.

십의 자리 숫자의 합이 7이 되기 위해서 십의 자리 숫자는 2, 2, 3입니다.

② 십의 자리 숫자가 2, 2, 3이므로 연속한 수가 되기 위해서 28, 29, 30이 되어야 합니다.

세 수의 합은 28 + 29 + 30 = 87입니다. (정답)

[정답] 목요일

〈풀이 과정〉

① 토, 일, 월, 화요일 날짜의 개수는 모두 4개로 짝수 개이고 수, 목, 금요일 날짜의 개수는 모두 5개로 홀수 개입니다. 서로 나눠서 각각의 요일의 적힌 날짜의 합을 구합니다. 한 개씩 수를 더하지 말고 아래와 같이 두 수씩 짝을 지어 문제를 해결합니다.

② 토, 일, 월, 화요일은 날짜의 개수가 짝수 개이므로 아래와 같이 두 수의 합이 같도록 연결합니다. 쌍의 개수는 모두 2개로 토요일 날짜의 합은 $29 \times 2 = 58$이고 일요일 날짜의 합은 $31 \times 2 = 62$이고 월요일 날짜의 합은 $33 \times 2 = 66$이고 화요일 날짜의 합은 $35 \times 2 = 70$입니다.

③ 수, 목, 금요일은 날짜의 개수가 홀수 개이므로 아래와 같이 중간 수를 각각 구한 후 나머지 4개의 수를 두 수의 합이 짝을 연결합니다. 수요일 날짜의 합은 중간 수인 15를 5번 더한 것과 같으므로 $15 \times 5 = 75$입니다.

목요일 날짜의 합은 중간 수인 16을 5번 더한 것과 같으므로 $16 \times 5 = 80$입니다. 금요일 날짜의 합은 중간 수인 17을 5번 더한 것과 같으므로 $17 \times 5 = 85$입니다.

④ 따라서 각 요일의 모든 수를 합한 값이 80이 되는 경우는 목요일입니다. (정답)

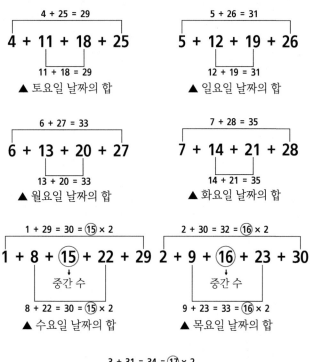

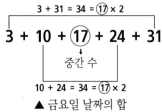

[정답] 가장 작은 수 = 17, 가장 큰 수 = 23

〈풀이 과정〉

① 연속하는 7개의 자연수를 A, B, C, D, E, F, G로 놓습니다. A가 짝수인지 홀수인지 모릅니다. B는 A보다 1 크고 C는 B보다 1 큽니다. 또한, A가 짝수이면 C, E, G도 짝수입니다. 반대로 B, D, F는 홀수가 됩니다. 연속하는 7개의 자연수이므로 A가 짝수든 홀수든 4개의 수에서 3개의 수를 빼야 합니다.

② A가 짝수라면 $(A + C + E + G) - (B + D + F) = 20$입니다. C에서 B를 빼면 1이고 E에서 D를 빼면 1이고 G에서 F를 빼면 1입니다.
$A + C - B + E - D + G - F = A + 1 + 1 + 1 = 20$입니다. $A + 3 = 20$에서 A는 17인 홀수가 되므로 A가 짝수라는 조건에 맞지 않습니다.

③ A가 홀수라면 $(A + C + E + G) - (B + D + F) = 20$입니다. C에서 B를 빼면 1이고 E에서 D를 빼면 1이고 G에서 F를 빼면 1입니다. $A + C - B + E - D + G - F = A + 3 = 20$입니다. A가 17이면 3을 더해 20이 되므로 A는 홀수가 맞습니다.

④ A가 17이므로 연속하는 7개의 자연수로 나열하면 17, 18, 19, 20, 21, 22, 23입니다. 가장 작은 수는 17이고 가장 큰 수는 23입니다. (정답)

[정답] 풀이 과정 참조

〈풀이 과정〉

① 한 개의 정류장에서 60명을 모두 태울 수 있습니다. 1부터 10까지 합이 55이므로 60을 10개보다 많은 개수로 연속하는 자연수의 합으로 나타낼 수 없습니다. 60을 연속하는 2개, 4개, 6개, 10개의 자연수 합으로 나타낼 때, 각각 (쌍의 개수)로 60을 나누면 (연속하는 중간 두 수의 합)이 짝수가 되어 합으로 나타낼 수 없습니다. 또한, 60을 나눌 수 없는 홀수 7개와 9개로 연속하는 자연수의 합으로 나타낼 수 없습니다. 60은 연속하는 3개, 5개, 8개의 자연수의 합으로 나타낼 수 있습니다.

② 연속하는 자연수의 개수가 홀수일 때는 3개와 5개가 있습니다.

(연속하는 자연수의 합) = (중간 수) × (연속하는 자연수의 개수)에서 (중간 수)를 △로 놓습니다.

ⅰ) 연속하는 자연수의 개수가 3일 때, $60 = \triangle \times 3$이므로 (중간 수)는 20입니다. $60 = 19 + 20 + 21$로 60을 연속하는 3개의 자연수로 나타낼 수 있습니다.

ⅱ) 연속하는 자연수의 개수가 5일 때, $60 = \triangle \times 5$이므로 (중간 수)는 12입니다. $60 = 10 + 11 + 12 + 13 + 14$

로 60을 연속하는 5개의 자연수로 나타낼 수 있습니다.

③ 연속하는 자연수의 개수가 8개로 짝수 개일 때는 8밖에 없습니다.

두 수씩 짝을 지으면 (쌍의 개수) = (연속하는 자연수의 개수) ÷ 2 = 8 ÷ 2 = 4개입니다. (연속하는 자연수의 합) = (연속하는 중간 두 수의 합) × (쌍의 개수)에서 (연속하는 중간 두 수의 합)을 □로 놓습니다.

60 = □ × 4이므로 (연속하는 중간 두 수의 합)은 15입니다. 60 = 4 + 5 + 6 + 7 + 8 + 9 + 10 + 11로 연속하는 8개의 자연수로 나타낼 수 있습니다.

④ 1개의 정류장에서 60명을 모두 태우거나 3개의 정류장에서 각각 19명, 20명, 21명씩 승객을 태우거나 5개의 정류장에서 각각 10명, 11명, 12명, 13명, 14명씩 승객을 태우거나 8개의 정류장에서 각각 4명, 5명, 6명, 7명, 8명, 9명, 10명, 11명씩 태우면 됩니다. 총 4가지 방법이 있습니다. (정답)

심화문제 **02** ·················· P. 57

[정답] 80

〈풀이 과정〉

① 연속하는 자연수의 개수가 5개로 홀수이므로 중간 수를 □라고 두면 나머지 4개의 수는

□ − 2, □ − 1, □ + 1, □ + 2입니다.

앞의 3개의 수의 합은 □ − 2 + □ − 1 + □이고

뒤의 2개의 수의 합은 □ + 1 + □ + 2입니다.

② 앞의 3개의 수의 합은 뒤의 2개의 수의 합보다 10이 더 크므로

□ − 2 + □ − 1 + □ = □ + 1 + □ + 2 + 10

숫자들만 계산하면

□ + □ + □ − 3 = □ + □ + 13입니다.

□ + □ + □ − 3 = □ + □ + 13에서 □ 가 16이면

16 + 16 + 16 − 3 = 16 + 16 + 13이 됩니다.

중간 수 □는 16입니다.

③ 나머지 4개의 수는 16보다 작은 14, 15와 큰 수 17, 18입니다. 〈그림〉과 같이 중간 수를 제외한 나머지 4개의 수를 두 수씩 합이 같도록 연결합니다. 연속하는 5개의 자연수의 합은 중간 수인 16을 5번 더한 값인

14 + 15 + 16 + 17 + 18 = 16 × 5 = 80입니다. (정답)

$$14 + 18 = 32 = \boxed{16} \times 2$$

$$14 + 15 + \boxed{16} + 17 + 18$$
중간 수
$$15 + 17 = 32 = \boxed{16} \times 2$$

〈그림〉

심화문제 **03** ·················· P. 58

[정답] 풀이 과정 참조

〈풀이 과정〉

① 연속하는 자연수의 개수가 4개로 짝수 개입니다. 두 수씩 짝을 지으면 (쌍의 개수) = (연속하는 자연수의 개수) ÷ 2 = 4 ÷ 2 = 2개입니다.

② (연속하는 자연수의 합) = (연속하는 중간 두 수의 합) × (쌍의 개수)에서 (연속하는 중간 두 수의 합)을 △로 놓습니다. 23□ = △ × 2이므로 23□는 짝수입니다.

23□에서 일의 자리에는 짝수인 0, 2, 4, 6, 8이 들어가야 합니다.

ⅰ) 23□에서 일의 자리 숫자가 0일 때 230입니다.

230 = △ × 2이므로 (연속하는 중간 두 수의 합)은 115입니다. 230 = 56 + 57 + 58 + 59로 빈칸에 적을 수 있습니다.

ⅱ) 23□에서 일의 자리 숫자가 2일 때 232입니다.

232 = △ × 2이므로 (연속하는 중간 두 수의 합)은 116입니다. 하지만 연속하는 두수는 짝수와 홀수의 합이므로 짝수인 116이 될 수 없습니다.

ⅲ) 23□에서 일의 자리 숫자가 4일 때 234입니다.

234 = △ × 2이므로 (연속하는 중간 두 수의 합)은 117입니다. 234 = 57 + 58 + 59 + 60으로 빈칸에 적을 수 있습니다.

ⅳ) 23□에서 일의 자리 숫자가 6일 때 236입니다.

236 = △ × 2이므로 (연속하는 중간 두 수의 합)은 118입니다. 하지만 연속하는 두수는 짝수와 홀수의 합이므로 짝수인 118이 될 수 없습니다.

ⅴ) 23□에서 일의 자리 숫자가 8일 때 238입니다.

238 = △ × 2이므로 (연속하는 중간 두 수의 합)은 119입니다. 238 = 58 + 59 + 60 + 61로 빈칸에 적을 수 있습니다.

③ 따라서 〈정답〉과 같이 빈칸에는

230 = 56 + 57 + 58 + 59, 234 = 57 + 58 + 59 + 60, 238 = 58 + 59 + 60 + 61을 적을 수 있습니다.

	5 6		5 7		5 8
	5 7		5 8		5 9
	5 8		5 9		6 0
+	5 9	+	6 0	+	6 1
	2 3 0		2 3 4		2 3 8

〈정답〉

[정답] 풀이 과정 참조

〈풀이 과정〉

① 90을 적은 연속수의 합으로 나타내야 하므로 2개보다 많고 10개보다 적어야 하고 3개부터 9개까지의 합으로 나타내야 합니다. 90을 연속하는 6개의 자연수 합으로 나타낼 때, (쌍의 개수) = 3이므로 90을 쌍의 개수로 나누면 (연속하는 중간 두 수의 합) = 30이 되어 30을 연속하는 두 수의 합으로 나타낼 수 없습니다. 홀수 7개와 짝수 8개로 90을 나눌 수 없으므로 연속하는 자연수의 합으로 나타낼 수 없습니다.

90은 연속하는 3개, 4개, 5개, 9개의 자연수의 합으로 나타낼 수 있습니다.

② 연속하는 자연수의 개수가 홀수일 때는 3개, 5개, 9개가 가능합니다.

(연속하는 자연수의 합) = (중간 수) × (연속하는 자연수의 개수)에서 (중간 수)를 △로 놓습니다.

ⅰ) 연속하는 자연수의 개수가 3일 때, 90 = △ × 3이므로 △(중간 수)는 30입니다.

90 = 29 + 30 + 31로 90을 연속하는 3개의 자연수의 합으로 나타낼 수 있습니다.

ⅱ) 연속하는 자연수의 개수가 5일 때, 90 = △ × 5이므로 △(중간 수)는 18입니다.

90 = 16 + 17 + 18 + 19 + 20으로 90을 연속하는 5개의 자연수의 합으로 나타낼 수 있습니다.

ⅲ) 연속하는 자연수의 개수가 9일 때, 90 = △ × 9이므로 △(중간 수)는 10입니다.

90 = 6 + 7 + 8 + 9 + 10 + 11 + 12 + 13 + 14로 90을 연속하는 9개의 자연수의 합으로 나타낼 수 있습니다.

③ 연속하는 자연수의 개수가 짝수일 경우는 4개만 가능합니다. 두 수씩 짝을 지으면 (쌍의 개수) = (연속하는 자연수의 개수) ÷ 2 = 4 ÷ 2 = 2개입니다.

(연속하는 자연수의 합) = (연속하는 중간 두 수의 합) × (쌍의 개수)에서 (연속하는 중간 두 수의 합)을 □로 놓습니다. 90 = □ × 2이므로 (연속하는 중간 두 수의 합)은 45이고 22 + 23으로 나타낼 수 있습니다.

그러므로 90 = 21 + 22 + 23 + 24로 연속하는 4개의 자연수의 합으로 나타낼 수 있습니다.

④ 90 = 29 + 30 + 31

90 = 21 + 22 + 23 + 24

90 = 16 + 17 + 18 + 19 + 20

90 = 6 + 7 + 8 + 9 + 10 + 11 + 12 + 13 + 14

90을 연속하는 자연수의 합으로 나타내는 경우는 총 4가지 입니다. (정답)

[정답] 풀이 과정 참조

〈풀이 과정〉

① 알알이가 가진 카드 중에서 연속하는 자연수의 개수는 5개, 6개, 7개가 될 수 있습니다.

ⅰ) 연속하는 자연수의 개수가 5개일 때, 나머지 숫자 카드 6과 7로 두 자리 수 67, 76을 만들 수 있습니다. 67과 76은 5로 나뉘지 않으므로 연속하는 자연수의 합으로 나타낼 수 없습니다.

ⅱ) 연속하는 자연수의 개수가 6개일 때, 나머지 숫자 카드 5와 7로 두 자리 수 57, 75를 만들 수 있습니다.

57을 연속하는 6개의 자연수의 합으로 나타내 봅니다. 연속하는 자연수의 개수가 짝수이므로 (쌍의 개수) = 3개입니다. 57 = □ × 3이므로 (연속하는 중간 두 수의 합)은 19입니다. 연속하는 두 수의 합이 19가 되기 위해서는 9와 10밖에 없습니다.

57 = 7 + 8 + 9 + 10 + 11 + 12라는 연속하는 6개의 자연수의 합으로 나타낼 수 있습니다.

이와 마찬가지로 75도 연속하는 6개의 자연수의 합으로 나타낼 수 있습니다.

75 = 15 + 16 + 17 + 18 + 19 + 20입니다.

ⅲ) 연속하는 자연수의 개수가 7개일 때, 나머지 숫자 카드 5와 6으로 두 자리 수 56, 65를 만들 수 있습니다.

56을 연속하는 7개의 자연수의 합으로 나타내 봅니다. 연속 수의 개수가 홀수이므로 56 = △ × 7이므로 (중간 수)는 8입니다.

56 = 5 + 6 + 7 + 8 + 9 + 10 + 11이라는 연속하는 7개의 자연수의 합으로 나타낼 수 있습니다.

65는 7로 나뉘지 않으므로 연속하는 자연수의 합으로 나타낼 수 없습니다.

② 제이가 가진 카드 중에서 연속하는 자연수의 개수는 4개, 8개, 9개가 될 수 있습니다.

ⅰ) 연속하는 자연수의 개수가 8개일 때, 나머지 숫자 카드 4와 9로 두 자리 수 49, 94를 만들 수 있습니다.

49와 94는 (쌍의 개수) = 8 ÷ 2 = 4로 나뉘지 않으므로 연속하는 자연수의 합으로 나타낼 수 없습니다.

ⅱ) 연속하는 자연수의 개수가 9개일 때, 나머지 숫자 카드 4와 8로 두 자리 수 48, 84를 만들 수 있습니다.

48과 84는 9로 나뉘지 않으므로 연속하는 자연수의 합으로 나타낼 수 없습니다.

ⅲ) 연속하는 자연수의 개수가 4개일 때, 나머지 숫자 카드 8과 9로 두 자리 수 89, 98을 만들 수 있습니다.

89는 (쌍의 개수) = 4 ÷ 2 = 2로 나뉘지 않으므로 연속하는 자연수의 합으로 나타낼 수 없습니다.

98을 연속하는 4개의 자연수의 합으로 나타내 봅니다.

연속하는 자연수의 개수가 짝수이므로 (쌍의 개수) = 2개입니다.

98 = □ × 2이므로 (연속하는 중간 두 수의 합)은 49입니다. 98 = 23 + 24 + 25 + 26이라는 연속하는 4개의 자연수의 합으로 나타낼 수 있습니다.

③ 따라서 알알이가 가진 카드로

57 = 7 + 8 + 9 + 10 + 11 + 12,

75 = 15 + 16 + 17 + 18 + 19 + 20,

56 = 5 + 6 + 7 + 8 + 9 + 10 + 11

을 만들 수 있고 제이가 가진 카드로

98 = 23 + 24 + 25 + 26

을 만들 수 있습니다. (정답)

창의적문제해결수학 02 .... P. 61

[정답] 37개

〈풀이 과정〉

① 108은 10 ÷ 2 = 5(쌍의 개수)로 나뉘지 않으므로 연속하는 10개의 자연수의 합으로 나타낼 수 없습니다. 10명이 연속하는 개수로 가져갈 수 없습니다. 1보다 크고 10보다 작은 수에서 찾아야 합니다.

② 108은 짝수이므로 연속하는 2개의 자연수 합으로 나타낼 수 없습니다. 108을 4개, 6개의 자연수 합으로 나타낼 때, (쌍의 개수)가 2개, 3개로 108을 나누면 (연속하는 중간 두 수의 합)이 54와 36인 짝수가 되어 합으로 나타낼 수 없습니다. 또한, 108을 홀수 5개와 7개로 나눌 수 없으므로 연속하는 5개, 7개의 자연수의 합으로 나타낼 수 없습니다. 108은 연속하는 3개, 8개, 9개의 자연수의 합으로 나타낼 수 있습니다.

③ 연속하는 자연수의 개수가 3개, 9개일 때 홀수이므로 (연속하는 자연수의 합) = (중간 수) × (연속하는 자연수의 개수)에서 (중간 수)를 △로 놓습니다.

ⅰ) 연속하는 자연수의 개수가 3일 때, 108 = △ × 3이므로 △는 36입니다.

108 = 35 + 36 + 37로 108을 연속하는 3개의 자연수 합으로 나타낼 수 있습니다.

ⅱ) 연속하는 자연수의 개수가 9일 때, 108 = △ × 9이므로 △는 12입니다.

108 = 8 + 9 + 10 + 11 + 12 + 13 + 14 + 15 + 16

108을 연속하는 9개의 자연수의 합으로 나타낼 수 있습니다.

④ 연속하는 자연수의 개수가 8개이므로 (쌍의 개수) = 4개입니다. 108 = □ × 4이므로 (연속하는 중간 두 수의 합)은 27입니다. 연속하는 중간 두수는 13과 14입니다.

108 = 10 + 11 + 12 + 13 + 14 + 15 + 16 + 17

연속하는 8개의 자연수의 합으로 나타낼 수 있습니다.

⑤ 108개의 치즈를 위와 같이 3명, 8명, 9명에게 연속 수의 개수로 나눠 줄 수 있습니다. 이 중의 한 명이 가장 많이 가져갈 때는 3명에게 각각 35개, 36개, 37개로 나눠줄 때입니다. 한 명이 최대 37개를 가져갑니다. (정답)

4. 가장 크게, 가장 작게

표지문제 .... P. 62

[정답] $48 \times 15 = 720$

〈풀이 과정〉

① 48×15에서 곱해지는 수는 48이고 곱하는 수는 15입니다. 표와 같이 맨 첫 줄에 1과 곱하는 수 15를 적고 아래로 내려갈수록 2씩 곱한 수를 적습니다.

② 왼쪽 줄에서 여러 수를 더해서 곱해지는 수 48을 만들 수 있는 수들을 파란색으로 색칠합니다. $16 + 32 = 48$입니다.

③ 16의 오른쪽 수인 $16 \times 14 = 240$, 32의 오른쪽 수인 $32 \times 15 = 480$을 모두 더합니다. $240 + 480 = 720$이므로 $48 \times 15 = 720$입니다.

1	15
2	$2 \times 15 = 30$
4	$4 \times 15 = 60$
8	$8 \times 15 = 120$
16	$16 \times 15 = 240$
32	$32 \times 15 = 480$

(×2 arrows on both sides between each row)

대표문제 1 **확인하기** .... P. 67

[정답] 가장 크게 : $951 + 763 = 1714$
가장 작게 : $157 + 369 = 526$

〈풀이 과정〉

① 계산 결과가 가장 큰 수가 되기 위해서 세 자리 수의 백의 자리에 각각 9와 7을 놓습니다. 그 후 나머지 1, 3, 5, 6 중에 5와 6을 각각 십의 자리에 놓고 1과 3을 각각 일의 자리에 놓습니다. 계산 결과 $951 + 763 = 1714$입니다.

이외에도 $961 + 763 = 1714$와 같이 같은 자리에 있는 숫자끼리 서로 바꿔도 계산 결과는 같습니다.

② 계산 결과가 가장 작은 수가 되기 위해서 백의 자리에 각각 1과 3을 놓습니다. 그 후 나머지 5, 6, 7, 9 중에 5와 6을 각각 십의 자리에 놓고 7과 9를 각각 일의 자리에 놓습니다. 계산 결과 $157 + 369 = 526$입니다.

이외에도 $169 + 357 = 526$과 같이 같은 자리에 있는 숫자끼리 서로 바꿔도 계산 결과는 같습니다.

③ 따라서 계산 결과를 가장 크게 놓는 방법은
$951 + 763 = 1714$이고
가장 작게 놓는 방법은
$157 + 369 = 526$입니다.

$$\begin{array}{r} 9\ 5\ 1 \\ +\ 7\ 6\ 3 \\ \hline 1\ 7\ 1\ 4 \end{array} \qquad \begin{array}{r} 1\ 5\ 7 \\ +\ 3\ 6\ 9 \\ \hline 5\ 2\ 6 \end{array}$$

〈가장 큰 수〉　　　　〈가장 작은 수〉

대표문제 2 **확인하기** .... P. 69

[정답] 509×3과 30×59 중에 509×3이 계산 결과가 가장 작습니다.

〈풀이 과정〉

① (세 자리 수) × (한 자리 수)에서 계산 결과가 가장 작아야 하므로 (한 자리 수)에 가장 작은 숫자 3을 놓아야 합니다. 그 후 나머지 숫자 0, 5, 9로 가장 작은 (세 자리 수)를 만들면 509입니다.
계산 결과는 $509 \times 3 = 1527$입니다.

② (두 자리 수) × (두 자리 수)에서 계산 결과가 가장 작아야 하고 (두 자리 수)의 십의 자리에는 0이 올 수 없으므로 두 번째로 작은 숫자 3과 세 번째로 작은 숫자 5를 각각 놓습니다. 나머지 0과 9를 일의 자리에 놓았을 때 식은 30×59 또는 39×50입니다.
두 곱셈식을 계산하면 $30 \times 59 = 1770$이고
$39 \times 50 = 1950$입니다.
이 중 작은 계산 결과는 $30 \times 59 = 1770$입니다.

③ 위에서 구한 509×3과 30×59를 비교하면 가장 작은 결과 식은 509×3입니다.

[정답] 덧셈식 : 16 + 34 = 50, 뺄셈식 : 41 − 36 = 5

〈풀이 과정〉

① 덧셈식에서 계산 결과가 가장 작은 수가 되기 위해서 백의 자리에 각각 1과 3을 놓습니다. 그 후 나머지 4, 6을 두 자리 수의 일의 자리에 놓습니다.

계산 결과 14 + 36 = 50입니다.

이외에도 16 + 34 = 50과 같이 같은 자리에 있는 숫자끼리 서로 바꿔도 계산 결과는 같습니다.

② 뺄셈식에서 계산 결과가 ㉠㉡ − ㉢㉣에서 가장 작은 수가 되기 위해서 차가 가장 작은 두 수 3과 4를 찾고 그 중에 ㉠에는 큰 수인 4, ㉢에는 작은 수인 3을 놓습니다.

그 후 나머지 1과 6을 두 자리 수의 일의 자리에 놓는 방법은 41 − 36 또는 46 − 31입니다. 이 중에서 계산 결과 값이 가장 작은 식은 41 − 36 = 5입니다.

③ 따라서 덧셈식에서 결과 값이 가장 작게 놓는 방법은 16 + 34이고 뺄셈식에서 결과 값이 가장 작게 놓는 방법은 41 − 36입니다. (정답)

[정답] 502 − 496 = 6

〈풀이 과정〉

① 6개의 숫자인 4, 2, 0, 5, 9, 6에서 차가 가장 작은 두 수는 4와 5, 5와 6입니다. 4와 5, 5와 6을 세 자리 수의 백의 자리에 각각 놓습니다. 뺄셈식은

5㉠㉡ − 4㉢㉣ 또는

6㉠㉡ − 5㉢㉣으로 총 두 가지입니다.

② 위에서 구한 2가지 경우를 비교합니다.

ⅰ) 5㉠㉡ − 4㉢㉣에서 나머지 숫자인 0, 2, 6, 9를
　　㉠, ㉡, ㉢, ㉣에 채워야 합니다.

　　㉢㉣ − ㉠㉡을 가장 크게 만들어야 하므로

　　㉢㉣ = 96, ㉠㉡ = 02입니다.

　　502 − 496 = 6입니다.

ⅱ) 6㉠㉡ − 5㉢㉣에서 나머지 숫자인 0, 2, 4, 9를
　　㉠, ㉡, ㉢, ㉣에 채워야 합니다.

　　㉢㉣ − ㉠㉡을 가장 크게 만들어야 하므로

　　㉢㉣ = 94, ㉠㉡ = 02입니다.

　　따라서 이때의 식은 602 − 594 = 8입니다.

③ 따라서 〈정답〉과 같이 가장 작은 값이 되는 뺄셈식은
502 − 496 = 6입니다.

```
    5 0 2
-   4 9 6
─────────
        6
```

〈정답〉

[정답] 542 × 7 = 3794, 72 × 54 = 3888

〈풀이 과정〉

① 0, 1, 2, 4, 5, 7 중에서 곱셈식의 계산 결과가 가장 커야 하므로 0과 1을 제외한 나머지 2, 4, 5, 7을 사용합니다.

② (세 자리 수) × (한 자리 수)에서 계산 결과가 가장 커야 하므로 (한 자리 수)에 가장 큰 숫자 7을 놓아야 합니다. 나머지 숫자 2, 4, 5로 가장 큰 (세 자리 수)를 만들면 542입니다. 계산 결과는 542 × 7 = 3794입니다.

③ (두 자리 수) × (두 자리 수)에서 계산 결과가 가장 커야 하므로 (두 자리 수)의 십의 자리에는 가장 큰 숫자 7과 두 번째로 큰 숫자 5를 각각 놓습니다. 나머지 2와 4를 일의 자리에 놓는 방법은 72 × 54 또는 74 × 52입니다.

두 곱셈식을 계산하면 72 × 54 = 3888이고

74 × 52 = 3848입니다.

이 중 큰 계산 결과 식은 72 × 54입니다.

④ 위에서 구한 542 × 7, 72 × 54 중에 72 × 54가 계산 결과가 큽니다.

[정답] 75 × 8 − 13 = 587

〈풀이 과정〉

① 그림과 같이 식을 ㉠㉡ × ㉢ − ㉣㉤으로 나타냅니다. 계산 결과 값이 가장 커야 하므로 곱하는 ㉢에 가장 큰 수 8을 놓고 ㉣㉤에는 13을 놓습니다. 나머지 5와 7을 ㉠㉡에 가장 큰 수가 되도록 놓으면 75입니다.

② 따라서 75 × 8 − 13 = 587이 계산 결과 값이 가장 큰 식입니다. (정답)

  × −

연습문제 **05** ·········· P. 71

[정답] 118

〈풀이 과정〉

① 0부터 7까지 연속하는 숫자이므로 0, 1, 2, 3, 4, 5, 6, 7입니다. 이 숫자 카드로 4개의 두 자리 수를 만들었을 때, 모두 합한 값이 가장 작아야 하므로 십의 자리에는 0을 제외한 1, 2, 3, 4를 놓습니다.

각 두 자리 수의 일의 자리에 0, 5, 6, 7을 놓습니다.

② 따라서 가장 작은 값의 식은 10 + 25 + 36 + 47 = 118 입니다. 이외에도 15 + 20 + 37 + 46 = 118과 같이 같은 자리에 있는 숫자끼리 서로 바꿔도 계산 결과는 같습니다. (정답)

연습문제 **06** ·········· P. 71

[정답] 85 - 14 + 97 = 168

〈풀이 과정〉

① 그림과 같이 식을 ㉠㉡ - ㉢㉣ + ㉤㉥ 으로 나타냅니다.

② 계산 결과가 가장 커야 하므로 빼는 수인 ㉢㉣ 은 가장 작은 두 자리 수인 14를 놓습니다. ㉠㉡ 과 ㉤㉥ 은 더하는 수이므로 큰 두 자리 수를 만들어야 합니다.

나머지 5, 7, 8, 9 에서 ㉠ 과 ㉤ 에는 8과 9를 놓고 ㉡ 과 ㉥ 에는 5와 7을 놓습니다.

85 - 14 + 97 = 168입니다.

이외에도 95 - 14 + 87 = 168 와 같이 14를 제외한 나머지 같은 자리에 있는 숫자끼리 서로 바꿔도 계산 결과는 같습니다.

③ 따라서 가장 큰 값이 되는 식은 85 - 14 + 97 = 168입니다. (정답)

  − ㉣ +

연습문제 **07** ·········· P. 72

[정답] 숫자 카드 0, 1, 2

〈풀이 과정〉

① (세 자리 수) × (한 자리 수) = ㉠㉡㉢ × ㉣으로 적습니다. 계산 결과 값이 가장 작아야 하므로 ㉠에는 0을 제외한 가장 작은 숫자 1을 놓아야 합니다. ㉠㉡㉢도 가장 작아야 하므로 ㉠㉡㉢ = 102입니다.

곱한 결과 102 × 1 = 102입니다.

세 종류의 숫자 카드 중 숫자 카드 1은 2장이고 0과 2는 1장씩입니다.

② 위에서 구한 숫자 카드로 덧셈 결과가 가장 작게 되도록 적으면 10 + 12입니다.

③ 따라서 서로 다른 세 종류의 숫자 카드는 0, 1, 2로 덧셈 결과가 가장 작은 식은 10 + 12 = 22이고 곱셈 결과가 가장 작은 식은 102 × 1 = 102입니다. (정답)

연습문제 **08** ·········· P. 72

[정답] 가장 큰 식 : 765 × 8 - 34 = 6086

가장 작은 식 : 456 × 3 - 87 = 1281

〈풀이 과정〉

① 그림과 같이 식을 ㉠㉡㉢ × ㉣ - ㉤㉥으로 나타냅니다. 계산 결과 값이 가장 커야 하므로 곱셈식 ㉠㉡㉢ × ㉣이 커야 하고 빼는 수인 ㉤㉥은 작아야 합니다.

곱하는 ㉣에 가장 큰 숫자 8을 놓고 ㉤㉥에는 가장 작은 두 자리 수인 34를 놓습니다.

나머지 5, 6, 7로 ㉠㉡㉢에 가장 큰 세 자리 수 765를 놓습니다.

765 × 8 - 34 = 6086으로 계산 결과 값이 가장 큰 식입니다.

② 계산 결과 값이 가장 작아야 하므로 곱셈식 ㉠㉡㉢ × ㉣이 작아야 하고 빼는 수인 ㉤㉥은 커야 합니다.

곱하는 ㉣에 가장 작은 숫자 3을 놓고 빼는 수인 ㉤㉥에는 가장 큰 두 자리 수인 87을 놓습니다. 나머지 4, 5, 6으로 ㉠㉡㉢에 가장 작은 세 자리 수 456을 놓습니다.

456 × 3 - 87 = 1281로 계산 결과 값이 가장 작은 식입니다.

③ 따라서 계산 결과가 가장 큰 식은 765 × 8 - 34 = 6086이고 가장 작은 식은 456 × 3 - 87 = 1281입니다.

   × −

[정답] 가장 클 때 : 854 × 7 = 5978

가장 작을 때 : 254 × 3 = 762

〈풀이 과정〉

① 그림과 같이 (짝 홀 짝 × 홀)을 ㉠㉡㉢ × ㉣으로 생각합니다. 주어진 숫자에서 짝수는 2, 4, 8이고 홀수는 3, 5, 7입니다.

계산 결과가 가장 클 때는 ㉣에는 가장 큰 홀수인 7을 놓습니다.

㉠㉡㉢에서 나머지 2, 3, 4, 5, 8로 가장 큰 세 자리 수 854를 만듭니다.

854 × 7 = 5978로 계산 결과가 가장 큽니다.

② 계산 결과가 가장 작을 때는 ㉣에는 가장 작은 수인 3을 놓습니다. ㉠㉡㉢에서 나머지 2, 4, 5, 7, 8로 가장 작은 세 자리 수 254를 만듭니다.

254 × 3 = 762로 계산 결과가 가장 작습니다.

③ 따라서 계산 결과가 가장 클 때는 854 × 7 = 5978이고 가장 작을 때는 254 × 3 = 762입니다.

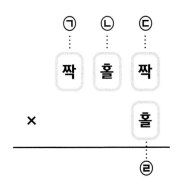

[정답] 가장 큰 짝수 : 54 − 10 = 40

가장 작은 짝수 : 20 − 14 = 6

〈풀이 과정〉

① (두 자리 수) − (두 자리 수)에서 계산 결과가 가장 작을 때를 구합니다. 주어진 0, 1, 2, 4, 5 중에 두 숫자의 차가 가장 작은 경우는 0, 1과 1, 2입니다.

0, 1과 1, 2를 십의 자리에 놓으면 됩니다. 하지만 십의 자리에 0을 놓을 수 없으므로 2㉠ − 1㉡의 경우밖에 없습니다. 계산 결과가 가장 작기 위해서 ㉠에 0을 놓고 ㉡에 5를 놓아야 합니다.

20 − 15 = 5로 가장 계산 결과가 작습니다. 하지만 계산 결과가 짝수가 아닙니다.

㉠에 0을 놓고 ㉡에 4를 놓으면 20 − 14 = 6으로 계산 결과가 가장 작은 짝수가 됩니다.

② (두 자리 수) − (두 자리 수)에서 계산 결과가 가장 클 때를 구합니다.

주어진 0, 1, 2, 4, 5로 십의 자리에 0이 오지 않도록 가장 큰 (두 자리 수)와 가장 작은 (두 자리 수)를 만듭니다.

그러면 가장 큰 (두 자리 수) = 54이고

가장 작은 (두 자리 수) = 10입니다.

계산 결과 54 − 10 = 44로 가장 큰 짝수가 됩니다.

③ 따라서 계산 결과 가장 큰 짝수는 54 − 10 = 40이고 가장 작은 짝수는 20 − 14 = 6입니다. (정답)

심화문제 01 ······················· P. 74

[정답] 두 번째로 큰 식 : 963 - 204 = 759
두 번째로 작은 식 : 304 - 296 = 8

〈풀이 과정〉

① 계산 결과가 두 번째로 큰 수와 두 번째로 작은 수를 구하기 위해 계산 결과가 가장 큰 수와 가장 작은 수를 구합니다.

② 계산 결과가 가장 큰 수일 때

6개의 숫자인 2, 3, 4, 6, 9, 0에서 가장 큰 세 자리 수 964를 만들고 가장 작은 세 자리 수 203을 만듭니다.

964 - 203 = 761로 계산 결과가 가장 큰 수입니다.

이 식에서 각 세 자리 수의 일의 자리 숫자만 서로 바꿉니다. 그러면 963 - 204 = 759로 계산 결과는 두 번째로 큰 수가 됩니다.

③ 계산 결과가 가장 작은 수일 때

6개의 숫자인 2, 3, 4, 6, 9, 0에서 차가 가장 작은 두수는 모두 2와 3, 3과 4입니다.

2와 3, 3과 4를 세 자리 수의 백의 자리에 각각 놓습니다. 뺄셈식은 3㉠㉡ - 2㉢㉣ 또는 4㉠㉡ - 3㉢㉣으로 총 두 가지입니다.

④ 위에서 구한 2가지 경우를 비교합니다.

ⅰ) 3㉠㉡ - 2㉢㉣에서 나머지 숫자인 0, 4, 6, 9를 ㉠, ㉡, ㉢, ㉣에 채워야 합니다. ㉢㉣ - ㉠㉡을 가장 크게 만들어야 하므로 ㉢㉣ = 96, ㉠㉡ = 04입니다. 304 - 296 = 8입니다.

이 식에서 각 세 자리 수의 일의 자리 숫자만 서로 바꾸면 306 - 294 = 12입니다.

ⅱ) 4㉠㉡ - 3㉢㉣에서 나머지 숫자인 0, 2, 6, 9를 ㉠, ㉡, ㉢, ㉣에 채워야 합니다.

㉢㉣ - ㉠㉡을 가장 크게 만들어야 하므로 ㉢㉣ = 96, ㉠㉡ = 02입니다.

402 - 396 = 6입니다.

가장 작은 값이 되는 뺄셈식은 402 - 396 = 6입니다.

계산 결과가 두 번째로 작은 수는 304 - 296 = 8입니다.

⑤ 따라서 계산 결과가 두 번째로 큰 수는 963 - 204 = 759이고 두 번째로 작은 수는 304 - 296 = 8입니다. (정답)

심화문제 02 ······················· P. 75

[정답] 가장 큰 짝수 식 : 653 + 42 + 1 = 696
가장 작은 짝수 식 : 123 + 45 + 6 = 174

〈풀이 과정〉

① 세 수를 합하여 짝수가 되려면 각 수의 일의 자리 숫자는 (홀수 + 홀수 + 짝수) 또는 (짝수 + 짝수 + 짝수)가 되어야 합니다.

② 계산 결과가 가장 큰 짝수일 때, (세 자리 수)의 백의 자리에 가장 큰 수인 6을 놓으면 각 수의 일의 자리에 (짝수 + 짝수 + 짝수)를 놓을 수 없으므로 각 수의 일의 자리 (홀수 + 홀수 + 짝수)를 놓아야 합니다.

십의 자리에는 4, 5를 놓고 나머지 1, 2, 3을 각 수의 일의 자리에 놓습니다. 계산 결과가 가장 큰 짝수 식은 653 + 42 + 1 = 696입니다.

이외에도 642 + 51 + 3과 같이 같은 자리에 있는 숫자끼리 서로 바꿔도 계산 결과는 같습니다.

③ 계산 결과가 가장 작은 짝수일 때, (세 자리 수)의 백의 자리에 가장 작은 수인 1을 놓습니다.

ⅰ) 각 수의 일의 자리가 (홀수 + 홀수 + 짝수)일 때, 각 수의 일의 자리에 반드시 3, 5가 들어가야 합니다.

나머지 2, 4를 십의 자리에 놓고 일의 자리에 6을 놓습니다. 123 + 45 + 6 = 174입니다.

이외에도 145 + 23 + 6과 같이 자리에 있는 숫자끼리 서로 바꿔도 계산 결과는 같습니다.

ⅱ) 각 수의 일의 자리가 (짝수 + 짝수 + 짝수)일 때, 각 수의 일의 자리에는 2, 4, 6이 들어 갑니다.

나머지 3, 5를 십의 자리에 놓습니다. 132 + 54 + 6 = 192입니다.

이외에도 152 + 34 + 6과 같이 자리에 있는 숫자끼리 서로 바꿔도 계산 결과는 같습니다.

계산 결과가 가장 작은 짝수 식은 123 + 45 + 6 = 174입니다.

④ 따라서 가장 큰 짝수 식은 653 + 42 + 1 = 696이고 가장 작은 짝수 식은 123 + 45 + 6 = 174입니다. (정답)

[정답] 347 × 25 = 8675

〈풀이 과정〉

① 계산 결과가 가장 작은 홀수이어야 하므로 그림과 같이
㉠㉡㉢ × ㉣㉤에서 ㉢과 ㉤에는 각각 홀수만 들어가야 합니다.

② ㉣은 세 수인 ㉠, ㉡, ㉢과 모두 곱해지고 ㉠은 두 수인
㉣, ㉤과 모두 곱해집니다.

㉠보다 ㉣에 놓아야 하는 숫자가 더 작아야 합니다.

그러면 ㉣에는 가장 작은 수인 2를 놓고 ㉠에는 두 번째로
작은 수인 3을 놓습니다.

㉢과 ㉤에 들어갈 수 있는 홀수는 5와 7밖에 없습니다.

나머지 ㉡에는 4가 들어가므로 345 × 27과 347 × 25를
계산합니다.

③ 따라서 345 × 27 = 9315이고 347 × 25 = 8675이므로
둘 중에서 가장 작은 홀수 식은 347 × 25 = 8675입니다.
(정답)

[정답] 2456 × 13 = 31928, 245 × 13 = 3185

〈풀이 과정〉

① (네 자리 수) × (두 자리 수)에서 계산 결과가 가장 작게
나오기 위해 (두 자리 수)의 십의 자리에 1을 넣고, 네 자
리 수 맨 앞자리에 2를 놓습니다.

이때 식은 2456 × 13 = 31928입니다.

② 아래 그림과 같이 (세 자리 수) × (두 자리 수)를 ㉠㉡㉢
× ㉣㉤과 같이 놓습니다. ㉣은 세 수인 ㉠, ㉡, ㉢과 모두
곱해지고 ㉠은 두 수인 ㉣, ㉤과 모두 곱해집니다.

㉣ = 1, ㉠ = 2입니다.

③ ㉤은 ㉠, ㉡, ㉢과 모두 곱해지고 ㉡과 ㉢은 두 수인 ㉣와
㉤에 각각 곱해집니다. ㉤ = 3입니다.

나머지 ㉡과 ㉢은 4 또는 5입니다.

④ 위에서 구한대로 가능한 식은 245 × 13 또는 254 × 13
입니다. 245보다 254가 더 크므로 두 식 중에 가장 작은
식은 245 × 13 = 3185입니다.

[정답] 상상이와 알알이

〈풀이 과정〉

① 무우가 알알이와 제이에게 나눠준 각 3장의 숫자 카드를
찾습니다. 무우가 상상이에게 준 3, 5, 8을 제외하고 나머
지 1, 2, 4, 6, 7, 9로 (세 자리 수) − (세 자리 수)를 가장
작게 만드는 (세 자리 수) 두 개를 구합니다.

② 6개의 숫자인 1, 2, 4, 6, 7, 9에서 차가 가장 작은 두수는
모두 1과 2, 6과 7입니다.

1과 2, 6과 7을 세 자리 수의 백의 자리에 각각 놓습니다.
뺄셈식은 2㉠㉡ − 1㉢㉣ 또는 7㉠㉡ − 6㉢㉣으로 총 두
가지입니다.

③ 위에서 구한 2가지 경우를 비교합니다.

ⅰ) 2㉠㉡ − 1㉢㉣에서 나머지 숫자인 4, 6, 7, 9를 ㉠, ㉡,
㉢, ㉣에 채워야 합니다.

㉢㉣ − ㉠㉡이 가장 크게 만들어야 하므로 ㉢㉣ = 97,
㉠㉡ = 46입니다.

246 − 197 = 49입니다.

ⅱ) 7㉠㉡ − 6㉢㉣에서 나머지 숫자인 1, 2, 4, 9를 ㉠, ㉡,
㉢, ㉣에 채워야 합니다.

㉢㉣ − ㉠㉡을 가장 크게 만들어야 하므로

㉢㉣ = 94, ㉠㉡ = 12입니다.

712 − 694 = 18입니다.

가장 작은 값이 되는 뺄셈식은 712 − 694 = 18입니다.
뺄셈식 712 − 694에서 무우는 알알이에게 큰 세 자리 수
인 7, 1, 2가 적힌 숫자 카드를 줬고 제이에게 작은 세 자
리 수인 6, 9, 4가 적힌 숫자 카드를 줬습니다.

④ 상상이가 가진 숫자 카드로 만든 세 자리 수에서 알알와
제이가 가진 숫자 카드로 만든 세 자리 수를 각각 뺀 값 중
가장 큰 값을 찾습니다.

가장 큰 (세 자리 수) − 가장 작은 (세 자리 수)를 구하면
됩니다.

상상이가 만든 가장 큰 (세 자리 수) = 853입니다.

알알이가 만든 가장 작은 (세 자리 수) = 127입니다.

제이가 만든 가장 작은 (세 자리 수) = 469입니다.

853 − 127과 853 − 469의 계산 결과가 가장 큰 사람을 구합니다.

853 − 127 = 726이고 853 − 469 = 384입니다.

⑤ 따라서 상상이가 알알이와 **뺄셈**했을 때 더 큰 값이 됩니다. (정답)

창의적문제해결수학　　**02** .... **P. 79**

[정답] 무우 : 3, 2, 1,　　상상이 : 7, 6, 0

〈풀이 과정〉

① 주어진 357 × 624 − 109에서 무우는 각 세 자리 수에서 세 숫자 중 한 숫자만 지워 계산 결과가 가장 큰 값을 만들려고 합니다.

곱하는 두수는 가장 커야 하고 빼는 수는 가장 작아야 합니다.

무우는 357에서 3을 지우고 624에서 2를 지우고 109에서 1을 지웁니다.

57 × 64 − 09 = 3639로 계산 결과 가장 큰 값이 됩니다.

② 반면 상상이는 각 세 자리 수에서 세 숫자 중 한 숫자만 지워 계산 결과가 가장 작은 값을 만들려고 합니다.

주어진 식에서 곱하는 두수는 가장 작아야 하고 빼는 수는 가장 커야 합니다.

상상이는 357에서 7을 지우고 624에서 6을 지우고 109에서 0을 지웁니다.

35 × 24 − 19 = 821로 계산 결과 가장 작은 값이 됩니다.

③ 따라서 무우는 3, 2, 1을 지우면 되고 상상이는 7, 6, 0을 지우면 됩니다. (정답)

5. 도형이 나타내는 수

대표문제 I　**확인하기 1** .... **P. 85**

[정답] ○ = 1,　　□ = 8,　　△ = 7

〈풀이 과정〉

① 그림에서 계산 결과의 백의 자리 수가 2이므로 ○은 1 또는 2입니다.

$$
\begin{array}{ccc}
 & ○ & □ & △ \\
+ & & △ & ○ \\
\hline
 & 2 & 5 & □
\end{array}
$$

ⅰ) ○ = 1일 때

계산 결과의 백의 자리 수 2가 되려면 십의 자리 □ + △에서 백의 자리로 받아 올림 해야 합니다. □ + △ = 15입니다.

□ + △ = 15가 되는 (□, △) = (7, 8), (8, 7), (6, 9), (9, 6)입니다.

이 중 일의 자리 △ + 1 = □이 되는 수는

(□, △) = (8, 7)밖에 없습니다.

○ = 1일 때 □ = 8, △ = 7입니다.

ⅱ) ○ = 2일 때

계산 결과의 백의 자리 수 2이므로 십의 자리 □ + △에서 백의 자리로 받아 올림 하지 않습니다.

□ + △ = 5가 되는 (□, △) = (0, 5), (5, 0), (1, 4), (4, 1)입니다.

이 중 일의 자리 △ + 2 = □이 되는 수는 없습니다.

○는 2가 아닙니다.

② 따라서 ○ = 1, □ = 8, △ = 7이므로 〈완성 식〉이 됩니다.

$$
\begin{array}{cccc}
 & 1 & 8 & 7 \\
+ & & 7 & 1 \\
\hline
 & 2 & 5 & 8
\end{array}
$$

〈완성식〉

[정답] ○ = 5, □ = 1, △ = 4

〈풀이 과정〉

① 그림에서 계산 결과의 백의 자리 □는 1 또는 2입니다.

```
        ○   △
        □   ○
    +   △   □
    ───────────
    □   □   0
```

ⅰ) □ = 1일 때 〈그림 1〉과 같이 □ = 1을 덧셈식에 적습니다.

조건에 따라 ○ - △ = 1입니다.

일의 자리 △ + ○ + 1에서 십의 자리로 받아 올림하므로 △ + ○ + 1 = 10입니다.

○ - △ = 1과 △ + ○ = 9를 만족하는 (○, △) = (5, 4) 밖에 없습니다.

□ = 1일 때 ○ = 5, △ = 4입니다.

ⅱ) □ = 2일 때 〈그림 2〉와 같이 □ = 2를 덧셈식에 적습니다.

조건에 따라 ○ - △ = 2입니다.

일의 자리 △ + ○ + 2에서 계산 결과 일의 자리 0을 만들기 위해서 △ + ○ + 2는 10 또는 20이 되어야 합니다.

ⓐ △ + ○ + 2 = 10일 때, ○ - △ = 2와 ○ + △ = 8을 만족하는 (○, △) = (5, 3)입니다.

하지만 십의 자리에 (○, △) = (5, 3)이면 백의 자리 2가 될 수 없습니다.

ⓑ △ + ○ + 2 = 20일 때, ○ - △ = 2와 ○ + △ = 18을 만족하는 (○, △)는 없습니다.

□ = 2가 아닙니다.

② 따라서 ○ = 5, □ = 1, △ = 4이므로 〈완성 식〉이 됩니다.

```
        ○   △              ○   △
        1   ○              2   ○
    +       △   1      +       △   2
    ───────────        ───────────
    1   1   0          2   2   0
      〈그림 1〉            〈그림 2〉
```

```
        5   4
        1   5
    +       4   1
    ───────────
    1   1   0
      〈완성식〉
```

[정답] 풀이 과정 참조

〈풀이 과정〉

① 〈덧셈식 1〉과 같이 각 빈칸에 ㉠부터 ㉣까지 적습니다.

일의 자리 ㉡ + 9에서 계산 결과의 일의 자리 수가 0이므로 ㉡ = 1입니다.

② 십의 자리 6 + ㉣ + 1 (받아 올림 수) = 12입니다.

㉣ = 5입니다.

③ 백의 자리 ㉠ + ㉢ + 1 (받아 올림 수) = 3이므로

㉠과 ㉢은 각각 1입니다. 〈완성 식 1〉과 같이 ㉠ = 1, ㉡ = 1, ㉢ = 1, ㉣ = 5를 넣어 덧셈식을 완성할 수 있습니다.

④ 〈뺄셈식〉을 〈덧셈식 2〉로 바꿔 적은 다음 각 빈칸에 ⓐ부터 ⓒ까지 적습니다.

일의 자리 2 + 3 = 5이므로 ⓒ = 5입니다.

⑤ 십의 자리 8 + 3 = 11이므로 ⓑ = 1입니다. 나머지 백의 자리 ⓐ는 십의 자리에서 받아 올림 1이 됩니다.

ⓐ + 1 = 4이므로 ⓐ = 3입니다.

⑥ 〈완성 식 2〉와 같이 ⓐ = 3, ⓑ = 1, ⓒ = 5를 넣어 뺄셈식을 완성할 수 있습니다.

```
    ㉠   6   ㉡              1   6   1
  + ㉢   ㉣   9          +   1   5   9
  ───────────            ───────────
    3   2   0              3   2   0
   〈덧셈식 1〉              〈완성 식 1〉
```

```
    4   ⓑ   ⓒ              ⓐ   8   2
  - ⓐ   8   2          +       3   3
  ───────────            ───────────
        3   3              4   ⓑ   ⓒ
    〈뺄셈식〉               〈덧셈식 2〉
```

```
    4   1   5
  - 3   8   2
  ───────────
        3   3
    〈완성 식 2〉
```

[정답] ■ = 9, ○ = 2, △ = 4

〈풀이 과정〉

① 주어진 조건에서 ○ + ○ = △이므로 (○, △) = (1, 2), (2, 4), (3, 6), (4, 8)이 가능합니다.

〈그림 1〉에서 일의 자리 △ + △ + △ = ○이므로 위에서 구한 수 중에 4 또는 8을 3번씩 각각 더하면 일의 자리 숫자가 2가 됩니다.

(○, △) = (2, 4) 또는 (4, 8)입니다.

② (○, △) = (4, 8)일 때, 48 + 48 + 88 = 184로 세 자리 수가 되므로 이 경우는 해당하지 않습니다.

(○, △) = (2, 4)을 〈그림 2〉와 같이 채우면

■ = 2 + 2 + 4 + 1 = 9입니다.

③ 따라서 〈완성 식〉과 같이 ■ = 9, ○ = 2, △ = 4입니다.

	○	△			2	4			2	4
	○	△			2	4			2	4
+	△	△		+	4	4		+	4	4
	■	○			■	2			9	2

〈그림 1〉   〈그림 2〉   〈완성 식〉

[정답] ★ = 0, ○ = 1, ◆ = 2, △ = 3, ■ = 6

〈풀이 과정〉

① 두 번째 식 ■ × ★ = ★에서 ■ = 1 또는 ★ = 0입니다.

세 번째 식에서 ■ = 1이면 1 ÷ △ = ◆이 되어 가능한 △와 ◆가 없으므로 ■ = 1이 아닙니다.

따라서 ★ = 0입니다.

② 첫 번째 식 ○ + ◆ = △에서 ○ + ◆을 더해 △가 되는 숫자를 구하면 (○, ◆) = (1, 2) 또는 (2, 1)로 △는 반드시 3이 됩니다.

③ △ = 3이므로 세 번째 식 ■ ÷ △ = ◆은 ■ ÷ 3 = ◆가 되어 주어진 숫자 중에서 ■ = 6밖에 없습니다.

6 ÷ 3 = 2이므로 ◆ = 2입니다. ◆ = 2이므로 ○ = 1입니다.

④ 따라서 ★ = 0, ○ = 1, ◆ = 2, △ = 3, ■ = 6입니다.

[정답] 덧셈식 = 19, 뺄셈식 = 12

〈풀이 과정〉

① ○ 안에 + 놓는 경우 〈덧셈식 1〉과 같이 빈칸에 ㉠부터 ㉢을 놓습니다. 일의 자리 수에 ㉠ + 8을 한 결과의 일의 자리가 7이 되기 위해 ㉠ = 9입니다.

십의 자리 2 + ㉡ + 1 (받아 올림 수)한 결과의 일의 자리가 5가 되기 위해서 ㉡ = 2입니다.

백의 자리는 십의 자리에서 받아 올림을 하지 않으므로 5 + 3 = 8입니다. ㉢ = 8입니다.

㉠ = 9, ㉡ = 2, ㉢ = 8로 총합은 9 + 2 + 8 = 19입니다.

② ○ 안에 – 놓는 경우 〈뺄셈식〉과 같이 빈칸에 ⓐ부터 ⓒ를 놓은 후 〈덧셈식 2〉로 바꿔 적습니다.

일의 자리 수에 7 + 8 = 15이므로 ⓐ = 5입니다.

십의 자리 5 + ⓑ + 1 (받아 올림 수)한 결과의 일의 자리가 2가 되기 위해서 ⓑ = 6입니다.

백의 자리는 십의 자리에서 받아 올림 1을 하므로

ⓒ + 3 + 1 = 5입니다. ⓒ = 1입니다.

ⓐ = 5, ⓑ = 6, ⓒ = 1로 총합은 5 + 6 + 1 = 12입니다.

③ 따라서 덧셈식일 때 빈칸에 들어가는 숫자의 합은 19이고 뺄셈식일 때 빈칸에 들어가는 숫자의 합은 12입니다.

	5	2	㉠			5	2	9
+	3	㉡	8		+	3	2	8
	㉢	5	7			8	5	7

〈덧셈식 1〉

	5	2	ⓐ			㉢	5	7
−	3	ⓑ	8		+	3	ⓑ	8
	㉢	5	7			5	2	ⓐ

〈뺄셈식〉   〈덧셈식 2〉

	5	2	5			1	5	7
−	3	6	8		+	3	6	8
	1	5	7			5	2	5

〈뺄셈식〉   〈덧셈식 2〉

[정답] 풀이 과정 참조

〈풀이 과정〉

① 나눗셈에 계산 결과가 2 또는 3이 되는 식을 모두 구하면 8 ÷ 4, 6 ÷ 3, 6 ÷ 2, 4 ÷ 2입니다. 각각 뺄셈식이 계산 결과가 작고 곱셈식이 계산 결과가 크게 되도록 만듭니다.

② 8 ÷ 4 = 2일 때, 〈그림 1〉과 같이 각 빈칸에 숫자를 채워 놓을 수 있습니다.

③ 6 ÷ 3 = 2일 때, 〈그림 2〉와 같이 각 빈칸에 숫자를 채워 놓을 수 있습니다.

④ 6 ÷ 2 = 3일 때, 곱셈식에서 3과 4, 6, 8을 곱하면 두 자리 수가 되고 3 × 2를 하면 나머지 빈칸에 4, 8을 채울 수 없습니다. 6 ÷ 2 = 3은 해당되지 않습니다.

⑤ 4 ÷ 2 = 2일 때, 뺄셈식에서 4 에서 3, 6, 8을 각각 뺄 수 없으므로 4 ÷ 2 = 2는 안 됩니다.

⑥ 따라서 가능한 두 가지 방법은 〈그림 1〉과 〈그림 2〉입니다.

8	÷	4	=	2		6	÷	3	=	2
−				×		−				×
6				3		4				4
=				=		=				=
2	+	4	=	6		2	+	6	=	8

〈그림 1〉　　　　　〈그림 2〉

[정답] 33

〈풀이 과정〉

① 그림과 같이 빈칸에 ㉠부터 ⊚까지 적습니다.

　㉠㉡㉢ + ㉣㉤ + ㉥에서 각 기호가 모두 9일 때

　999 + 99 + 9 = 1107로 ⊚㉼76은 1107보다 작아야 합니다. ⊚과 ㉼에는 각각 1과 0이 들어가야 합니다.

② ㉢ + ㉤ + ㉥을 하여 계산한 결과의 일의 자리는 6입니다. ㉢ + ㉤ + ㉥ = 26 또는 16 또는 6 중 하나입니다.

　빈칸의 합이 가장 작아야 하므로 ㉢ + ㉤ + ㉥ = 6이 되어야 합니다.

　㉢, ㉤, ㉥은 각각 (2, 2, 2) 또는 (1, 0, 5) 등 여러 가지 숫자가 될 수 있습니다.

③ 십의 자리 ㉡ + ㉣은 일의 자리에서 받아 올림 하지 않습니다.

　백의 자리 ㉠이 받아 올림 되어야 하므로 ㉡ + ㉣ = 17입니다.

　(㉡, ㉣) = (8, 9) 또는 (9, 8)입니다.

　㉠은 9로 십의 자리에서 받아 올림 1이 되어 9 + 1 = 10이 됩니다.

④ 만약 ㉢ + ㉤ + ㉥ = 16이면 십의 자리 ㉡ + ㉣ + 1 (받아 올림 수) = 17이 되어야 하므로 ㉡ + ㉣ = 16이고 ㉠ = 9입니다. ㉠ = 9, ㉡ + ㉣ = 16, ㉢ + ㉤ + ㉥ = 16, ⊚ = 1, ㉼ = 0으로 총합은 42입니다.

　㉢ + ㉤ + ㉥ = 6일 때 총합이 가장 작습니다.

⑤ 따라서 ㉠ = 9, ㉡ + ㉣ = 17, ㉢ + ㉤ + ㉥ = 6,

　⊚ + ㉼ = 1이므로 ㉠부터 ⊚까지 합은

　9 + 17 + 6 + 1 = 33입니다. (정답)

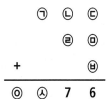

[정답] 풀이 과정 참조

<풀이 과정>

① 첫 번째 가로줄 ● + △ + ● + △ = 10이므로

● × 2 + △ × 2 = 10입니다. ● + △ = 5입니다.

세 번째 세로줄 ● + ● + △ + ● = 9에서 ● + △ = 5
이므로 ● × 2 = 4입니다. ● = 2이고 △ = 3입니다.

② 첫 번째 세로줄 ● + ■ + △ + ● = 12에 ● = 2이고
△ = 3을 넣으면 2 + ■ + 3 + 2 = 12입니다.

■ + 7 = 12이므로 ■ = 5입니다.

③ 네 번째 가로줄 ● + △ + ● + ★ = 14 에 ● = 2이고
△ = 3을 넣으면 2 + 3 + 2 + ★ = 14입니다.

★ + 7 = 14이므로 ★ = 7입니다.

④ 따라서 ● = 2, △ = 3, ■ = 5, ★ = 7입니다.

두 번째 가로줄 : ■ + ■ + ● + ■

= 5 + 5 + 2 + 5 = 17

세 번째 가로줄 : △ + ■ + △ + ■

= 3 + 5 + 3 + 5 = 16

두 번째 세로줄 : △ + ■ + ■ + △

= 3 + 5 + 5 + 3 = 16

네 번째 세로줄 : △ + ■ + ■ + ★

= 3 + 5 + 5 + 7 = 20

위의 계산 결과를 각 빈칸에 그림과 같이 채웁니다.

●	△	●	△	10
■	■	●	■	17
△	■	△	■	16
●	△	●	★	14
12	16	9	20	

〈정답〉

[정답] 풀이 과정 참조

<풀이 과정>

<나눗셈식>

① <나눗셈식>과 같이 각 빈칸에 ㉠부터 ㉤까지 적습니다.

3㉢6 − 3㉣㉤ = 2이므로 ㉤ = 4이고 ㉢과 ㉣은 같은 숫자입니다.

㉠9 × ㉡ = 3㉣4가 되려면 일의 자리 수 9 × 6 = 54이어야 합니다. ㉡ = 6입니다.

$$
\begin{array}{r}
\;\;㉠\;\;9 \\
㉡\;\big)\;\overline{3\;\;㉢\;\;6} \\
\underline{3\;\;㉣\;\;㉤} \\
2
\end{array}
$$

〈나눗셈식〉

② ㉠9 × 6 = 3㉣4이므로 계산 결과의 백의 자리가 3과 가까운 수를 찾아야 합니다.

4 × 6 = 24이고 5 × 6 = 30이고 6 × 6 = 36입니다.
49 × 6, 59 × 6, 69 × 6을 각각 계산하면 294, 354, 414입니다.

이 중 59 × 6 = 354이므로 ㉠ = 5, ㉣ = 5, ㉢ = 5입니다.

③ 따라서 ㉠ = 5, ㉡ = 6, ㉢ = 5, ㉣ = 5, ㉤ = 4를 빈칸에 넣어 <나눗셈 완성 식>을 완성합니다.

<곱셈식>

① <곱셈식>과 같이 각 빈칸에 ⓐ부터 ⓒ까지 적습니다.

ⓐ × 7을 계산하여 일의 자리가 8이 되는 경우는

4 × 7 = 28밖에 없습니다. ⓐ = 4입니다.

② 34 × 7 = 238이므로 34 × ⓑ는 계산 결과가 두 자리 수가 되어야 합니다. 34 × 1, 34 × 2, 34 × 3을 각각 계산하면 34, 68, 102로 ⓑ는 1 또는 2가 될 수 있습니다.

계산 결과 세 자리 수의 백의 자리가 9가 되어야 하므로 <그림>과 같이 ⓑ = 2가 되어야 합니다.

ⓒ = 1이 됩니다.

③ 따라서 ⓐ = 4, ⓑ = 2, ⓒ = 1을 각 칸에 놓으면 <곱셈 완성 식>이 됩니다.

$$
\begin{array}{r}
3\;\;ⓐ \\
\times\;\;ⓑ\;\;7 \\
\hline
9\;\;ⓒ\;\;8
\end{array}
$$

〈곱셈식〉

$$
\begin{array}{r}
3\;\;4 \\
\times\;\;2\;\;7 \\
\hline
2\;\;3\;\;8 \\
6\;\;8 \\
\hline
9\;\;ⓒ\;\;8
\end{array}
$$

〈그림〉

```
        5  9                        3  4
  6 ) 3  5  6                    ×  2  7
      3  5  4                    9  1  8
  ─────────                   ─────────
            2
```
　　　　〈나눗셈 완성 식〉　　　　　　〈곱셈 완성 식〉

[정답] ㉠ = 6,　㉡ = 7,　㉢ = 8,
　　　 ㉣ = 5,　㉤ = 1,　㉥ = 0

〈풀이 과정〉

① ㉢ > ㉡ > ㉠이므로 ㉠ × ㉡ + ㉢에서 ㉠ × ㉡에서 만들
　 수 있는 두 자리 수를 구합니다.
　 (㉠, ㉡) = (6, 7), (5, 7), (5, 6)으로 각각 계산 결과는
　 42, 35, 30입니다.

② ⅰ) (㉠, ㉡) = (6, 7)일 때 ㉢은 가장 큰 수인 8이 되므로
　　 ㉠ × ㉡ + ㉢ = 42 + 8 = 50입니다.
　　 ㉣ × ㉤㉥ = 50을 만들어야 합니다. 나머지 0, 1, 5를
　　 ㉣ > ㉤ > ㉥에 맞게 놓으면 5 × 10이 됩니다.
　　 ㉠ = 6, ㉡ = 7, ㉢ = 8, ㉣ = 5, ㉤ = 1, ㉥ = 0입니다.

　 ⅱ) (㉠, ㉡) = (5, 7)일 때, ㉢은 가장 큰 수인 8이 되므로
　　 ㉠ × ㉡ + ㉢ = 35 + 8 = 43입니다.
　　 ㉣ × ㉤㉥ = 43을 만들어야 합니다. 하지만 나머지 0,
　　 1, 6으로 ㉣ > ㉤ > ㉥에 맞게 놓을 수 없습니다.
　　 (㉠, ㉡) = (5, 7)이 아닙니다.

　 ⅲ) (㉠, ㉡) = (5, 6)일 때, ㉢은 7 또는 8입니다.
　　 (1) ㉢ = 7이면 ㉠ × ㉡ + ㉢ = 30 + 7 = 37입니다.
　　　 ㉣ × ㉤㉥ = 37을 만들어야 합니다. 하지만 나머지
　　　 0, 1, 8로 ㉣ > ㉤ > ㉥에 맞게 놓을 수 없습니다.
　　　 ㉢ = 7이 아닙니다.
　　 (2) ㉢ = 8이면 ㉠ × ㉡ + ㉢ = 30 + 8 = 38입니다.
　　　 ㉣ × ㉤㉥ = 38을 만들어야 합니다. 하지만 나머지
　　　 0, 1, 7로 ㉣ > ㉤ > ㉥에 맞게 놓을 수 없습니다.
　　　 ㉢ = 8이 아닙니다.

③ 따라서 조건에 따라 ㉠ = 6, ㉡ = 7, ㉢ = 8, ㉣ = 5,
　 ㉤ = 1, ㉥ = 0이므로 완성 식은 6 × 7 + 8 = 5
　 × 10입니다. (정답)

[정답] A = 2,　B = 8

〈풀이 과정〉

① 〈그림 1〉에서 A + B = 10이라면 일의 자리
　 A + B + A = 10 + A가 되어 일의 자리 숫자 A가 됩니다.
　 A + B = 10입니다.

② 일의 자리에서 십의 자리로 받아올림 1을 하므로
　 B + A + B + 1 = 19가 되어야 합니다.
　 B + A + B = 18이고 A + B = 10이므로 B = 8입니다.
　 B = 8이므로 A = 2입니다.

③ 따라서 A = 2, B = 8을 각 칸에 놓으면 〈완성 식〉이 됩니다.

```
      B  A                      8  2
      A  B                      2  8
  +   B  A                  +   8  2
  ─────────                 ─────────
  1  9  A                   1  9  2
```
　　　 〈그림 1〉　　　　　　　　 〈완성 식〉

연습문제 **10** ⋯⋯⋯⋯⋯⋯⋯⋯⋯⋯⋯⋯ P. 91

[정답] 풀이 과정 참조

```
    2   ㉠   ㉡              ㉤   ㉥   3
 -      ㉢   ㉣        +       ㉢   ㉣
 ─────────────        ─────────────
    ㉤   ㉥   3              2   ㉠   ㉡
```
〈뺄셈식〉   〈덧셈식〉

〈풀이 과정〉

① 〈뺄셈식〉와 같이 각 빈칸에 ㉠부터 ㉥까지 적은 후 〈덧셈식〉으로 바꿔서 적습니다.

〈덧셈식〉을 보면 백의 자리 ㉤에는 1 또는 2가 들어갈 수 있습니다.

하지만 숫자 카드에 2가 없으므로 ㉤ = 1입니다.

② 3 + ㉣을 하여 계산 결과의 일의 자리가 ㉡이 되는 경우는 (㉣, ㉡) = (4, 7), (5, 8)입니다.

③ (㉣, ㉡)을 두 가지 경우로 나눠서 나머지 ㉥, ㉢, ㉠에 들어가는 수를 구합니다.

ⅰ) 〈경우 1〉과 같이 (㉣, ㉡) = (4, 7)을 놓습니다. 십의 자리에서 백의 자리로 받아 올림 1을 해야 하므로 8 + 5 = 13을 만들어야 합니다.

(㉥, ㉢) = (8, 5) 또는 (5, 8)이고 ㉠ = 3입니다.

```
    1   ㉥   3
 +      ㉢   4
 ─────────────
    2   ㉠   7
```
〈경우 1〉

ⅱ) 〈경우 2〉와 같이 (㉣, ㉡) = (5, 8)을 놓습니다. 십의 자리에서 백의 자리로 받아 올림 1을 해야 합니다.

하지만 7 + 4 = 11 또는 7 + 3 = 10이므로 가진 숫자 카드로 ㉥, ㉢, ㉠을 채울 수 없습니다. (㉤ = 1입니다)

(㉣, ㉡) = (5, 8)이 아닙니다.

```
    1   ㉥   3
 +      ㉢   5
 ─────────────
    2   ㉠   8
```
〈경우 2〉

④ 따라서 (㉣, ㉡) = (4, 7)이고, (㉥, ㉢) = (8, 5) 또는 (5, 8)이므로,

㉠ = 3, ㉡ = 7, ㉣ = 4, ㉤ = 1로 〈완성 식 1, 2〉와 같이 두 가지 방법으로 뺄셈식을 완성할 수 있습니다.

```
    2   3   7              2   3   7
 -      5   4         -        8   4
 ─────────────        ─────────────
    1   8   3              1   5   3
```
〈완성 식 1〉   〈완성 식 2〉

심화문제 **01** ⋯⋯⋯⋯⋯⋯⋯⋯⋯⋯⋯⋯ P. 92

[정답] □ = 5, △ = 3, ● = 2

〈풀이 과정〉

① ● < △ < □이므로 일의 자리 □ - ●는 십의 자리에서 받아 내림하지 않습니다.

십의 자리 계산 7 - □ = ●입니다.

(□, ●) = (9, 8), (7, 0), (6, 1), (5, 2), (4, 3)입니다. 이 중에서 ● < △ < □이므로 (□, ●) = (9, 8), (4, 3)은 불가능합니다. ●, □ 사이에 1개 이상의 수가 있어야 합니다.

세 자리 수 맨 앞자리에 ●이 있으므로 ● = 0이 아닙니다.

(□, ●)이 가능한 경우는 (6, 1), (5, 2)뿐 입니다.

② 위 ①에서 구한 (□, ●) = (6, 1), (5, 2)을 각각 나눠서 △을 찾습니다.

ⅰ) (□, ●) = (6, 1)일 때,

〈그림 1〉과 같이 □ = 6, ● = 1을 놓습니다.

일의 자리 계산에 따라 △ = 5가 됩니다.

하지만 백의 자리에서 △ - 1 = 1이 되므로 △ = 5가 아닙니다.

(□, ●) = (6, 1)일 때, 식을 만족하는 △는 없습니다.

```
    △   7   6
 -  1   6   1
 ─────────────
    1   1   △
```
〈그림 1〉

ⅱ) (□, ●) = (5, 2)일 때,

〈그림 2〉과 같이 □ = 5, ● = 2를 놓습니다.

일의 자리 계산에 따라 △ = 3가 됩니다.

백의 자리 계산에 △ - 2 = 2이므로 △ = 3이 맞습니다.

(□, ●) = (5, 2)일 때, 식을 만족하는 △는 3입니다.

③ 따라서 ● < △ < □와 식을 만족하는 숫자는 □ = 5, △ = 3, ● = 2입니다.

```
    3   7   5
 -  1   5   2
 ─────────────
    2   2   3
```
〈그림 2〉

[정답] 풀이 과정 참조

〈풀이 과정〉

① 〈곱셈식〉과 같이 각 빈칸에 ㉠부터 ㉾까지 적습니다.
 ㉲ + 0에서 ㉳에 어떤 수를 넣든지 ㉱ + 4로 받아 올림
 하지 않습니다.
 ㉱ + 4 = 6이 되므로 ㉱ = 2입니다.

```
          ㉠   ㉡   8
      ×        5   ㉢
      ─────────────────
          2   ㉣   ㉤   4
      3   ㉥   4   0
      ─────────────────
      3   9   6   ㉦   4
```
〈곱셈식〉

② ㉱ = 2이고, 2 + ㉥으로 받아 올림 하지 않으므로 2
 + ㉥ = 9입니다.
 ㉥ = 7입니다.

③ ㉠㉡8 × 5 = 3740이므로 3740 ÷ 5 = 748입니다.
 ㉠ = 7, ㉡ = 4로 ㉠㉡8 = 748입니다.

④ 748 × ㉢ = 22㉣4를 찾습니다.
 ㉢에 들어갈 수 있는 수는 3 또는 8입니다. 두수를 각각 계
 산하면 748 × 3 = 2244, 748 × 8 = 5984입니다.
 계산 결과는 5984보다 작은 22㉣4이므로 ㉢ = 3이 됩니다.
 ㉣ = 4, ㉦ = 4입니다.

⑤ 따라서 ㉠ = 7, ㉡ = 4, ㉢ = 3, ㉣ = 2, ㉤ = 4, ㉥ = 7,
 ㉦ = 4를 각 빈칸에 놓으면 〈곱셈 완성 식〉이 됩니다.

```
          7   4   8
      ×       5   3
      ─────────────────
          2   2   4   4
      3   7   4   0
      ─────────────────
      3   9   6   4   4
```
〈곱셈 완성 식〉

[정답] 960

〈풀이 과정〉

① 첫 번째 조건과 두 번째 조건 ㉠ + ㉡ + ㉢ = 10을 모두
 만족하는 수를 구합니다.
 (㉠, ㉡, ㉢) = (1, 2, 7), (1, 3, 6), (1, 4, 5), (2, 3, 5)입니다.

 첫 번째 조건 : ㉠ < ㉡ < ㉢ < ㉣ < ㉤
 두 번째 조건 : ㉠ + ㉡ + ㉢ = 10
 세 번째 조건 : ㉣㉤ ÷ ㉡ = 17

② 위에서 구한 네 가지 경우를 ㉡ = 2, 3, 4일 때로 나눠서
 세 번째 조건에 넣어 ㉣㉤을 구합니다.

 ⅰ) ㉡ = 2일 때, 세 번째 조건에서 ㉣㉤ ÷ 2 = 17이므로
  ㉣㉤ = 17 × 2 = 34가 됩니다.
  ㉣과 ㉤은 각각 3, 4입니다. ㉡ = 2일 때, ㉠ = 1, ㉢ =
  7, ㉣ = 3, ㉤ = 4입니다.
  하지만 첫 번째 조건을 만족하지 않습니다.
  ㉡ = 2가 아닙니다.

 ⅱ) ㉡ = 3일 때, 세 번째 조건에서 ㉣㉤ ÷ 3 = 17이므로
  ㉣㉤ = 17 × 3 = 51이 됩니다. ㉣과 ㉤은 각각 5, 1입니
  다. ㉡ = 3일 때, ㉣ = 5, ㉤ = 1입니다. 하지만 첫 번째
  조건을 만족하지 않습니다. ㉡ = 3이 아닙니다.

 ⅲ) ㉡ = 4일 때, 세 번째 조건에 ㉣㉤ ÷ 4 = 17이므로
  ㉣㉤ = 17 × 4 = 68이 됩니다.
  ㉣과 ㉤은 각각 6, 8입니다.
  ㉡ = 4일 때, ㉠ = 1, ㉢ = 5, ㉣ = 6, ㉤ = 8로 첫 번째
  조건을 만족합니다.
  ㉡ = 4입니다.

③ 따라서 세 조건에 만족하는 각 숫자는 ㉠ = 1, ㉡ = 4,
 ㉢ = 5, ㉣ = 6, ㉤ = 8입니다.
 각 숫자를 모두 곱하면 1 × 4 × 5 × 6 × 8 = 960입니다.
 (정답)

심화문제 **04** ·········· P. 93

[정답] A = 1,   B = 5,   C = 7,   D = 3

〈풀이 과정〉

① 그림에서 천의 자리 A + 5 = C에서 A에는 1, 3, 5, 7 중에 5와 7을 놓으면 C를 만족하는 숫자가 없습니다.

A는 1 또는 3입니다.

ⅰ) 〈경우 1〉과 같이 A에 1을 놓습니다.

십의 자리 C + 4를 계산한 결과의 일의 자리가 1이 되기 위해서는 C = 7밖에 없습니다.

A = 1일 때, C = 7입니다.

```
      1   B   C   D
  +   5   7   4   2
  ─────────────────
      C   D   1   B
```
〈경우 1〉

ⅱ) 〈경우 2〉와 같이 A에 3을 놓습니다.

십의 자리 C + 4를 계산한 결과의 일의 자리가 3이 되기 위한 C가 없습니다.

A = 3이 아닙니다.

```
      3   B   C   D
  +   5   7   4   2
  ─────────────────
      C   D   3   B
```
〈경우 2〉

② 따라서 A = 1이고 C = 7입니다.

③ 나머지 (B, D) = (3, 5), (5, 3)입니다.

일의 자리 D + 2 = B가 되어야 하고, 십의 자리에서 백의 자리로 받아 올림 1을 합니다.

백의 자리 B + 7 + 1을 계산한 결과의 일의 자리가 D가 되어야 합니다. (B, D) = (5, 3)입니다.

④ 따라서 A = 1, B = 5, C = 7, D = 3을 각 칸에 놓으면 〈완성 식〉이 됩니다.

```
      1   5   7   3
  +   5   7   4   2
  ─────────────────
      7   3   1   5
```
〈완성 식〉

창의적문제해결수학 **01** ·········· P. 94

[정답] 풀이 과정 참조

〈풀이 과정〉

〈무우의 식〉

① 〈무우의 식〉과 같이 각 빈칸에 ㉠부터 ㉣까지 적습니다.

```
          ㉠   ㉡
      ×   ㉢   ㉣
  ─────────────────
      3   5   5   1
```
〈무우의 식〉

② ㉡ × ㉣을 계산한 결과 일의 자리가 1이 되기 위해서는
㉡ × ㉣ = 3 × 7 = 7 × 3 = 21밖에 없습니다.

(㉡, ㉣) = (3, 7) 또는 (7, 3)일 때를 각각 나눠서 생각합니다.

③ ㉠7 × ㉢3 또는 ㉠3 × ㉢7이 3551이 되기 위해서 나머지 십의 자리 ㉠ × ㉢을 계산한 결과 십의 자리가 3이 되어야 합니다.

㉠ × ㉢ = 6 × 5 = 5 × 6 = 30밖에 없습니다.
(㉠, ㉢) = (6, 5) 또는 (5, 6)입니다.

④ (㉠, ㉢) = (6, 5)일 때, (㉡, ㉣) = (3, 7) 또는 (7, 3)입니다.

위 〈무우의 식〉에 쓰면 63 × 57 = 3591과

67 × 53 = 3551입니다.

계산 결과가 3551인 67 × 53이 무우가 만든 식입니다.

이외에도 53 × 67로 적어도 됩니다.

⑤ 〈무우 완성 식〉과 같이 무우는 숫자 카드 4를 제외한
67 × 53 또는 53 × 67로 계산 결과가 3551이 되도록 만들었습니다.

무우가 선택하지 않은 숫자 카드는 4입니다. (정답)

```
          6   7
      ×   5   3
  ─────────────────
      3   5   5   1
```
〈무우 완성 식〉

<상상이의 식>

① <상상이의 식>과 같이 각 빈칸에 ⓐ부터 ⓓ까지 적습니다.

② ⓒ × ⓓ를 계산한 결과 일의 자리가 5가 되기 위해서는
ⓒ × ⓓ = 3 × 5 = 5 × 3 = 15밖에 없습니다.
(ⓒ, ⓓ) = (5, 3) 또는 (3, 5)일 때를 각각 나눠서 생각합니다.

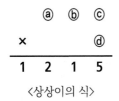

<상상이의 식>

③ (ⓒ, ⓓ) = (5, 3)일 때, ⓐⓑ5 × 3이므로 백의 자리 ⓐ에 4를 놓아야 1215와 가까워집니다.
ⓑ에 2를 놓으면 425 × 3으로 계산 결과는 1275입니다.

④ (ⓒ, ⓓ) = (3, 5)일 때, ⓐⓑ3 × 5이므로 백의 자리 ⓐ에 2를 놓아야 1215와 가까워집니다.
ⓑ에 4를 놓으면 243 × 5로 계산 결과는 1215입니다.

⑤ 따라서 ⓐ = 2, ⓑ = 4, ⓒ = 3, ⓓ = 5로 <상상이 완성식>과 같이 243 × 5 = 1215를 만들 수 있습니다.
상상이가 만든 식은 243 × 5이고 선택하지 않은 숫자 카드는 6입니다. (정답)

```
        2   4   3
    ×           5
  ─────────────────
    1   2   1   5
```

<상상이 완성 식>

[정답] 풀이 과정 참조

① <그림>과 같이 각 짝수에 ⓐ부터 ⓔ까지 적고 각 홀수에 ㉠부터 ㉤까지 적습니다.

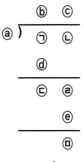

<그림>

② 두 짝수 ⓐ와 ⓑ를 곱해서 한 자리 수인 짝수 ⓓ가 나오는 경우를 찾습니다. 주어진 짝수 2, 4, 8에서 2 × 2 또는 2 × 4 또는 4 × 2를 계산하여 ⓓ가 짝수인 4와 8을 만들 수 있습니다.
(ⓐ, ⓑ)는 (2, 2) 또는 (2, 4) 또는 (4, 2)입니다.

③ (ⓐ, ⓑ) = (2, 2)일 때, ⓓ = 4입니다.
㉠ − 4 = ㉢에서 ㉠ = 9이면 9 − 4 = 5가 ㉢이 됩니다. 주어진 홀수에 5가 없으므로 (ⓐ, ⓑ)는 (2, 2)가 아닙니다.

④ (ⓐ, ⓑ)는 (2, 4) 또는 (4, 2)일 때, 반드시 ⓓ는 8입니다. 그러므로 ㉠ − 8 = ㉢에서 ㉠ = 9이고 ㉢ = 1입니다.

⑤ ㉡과 ㉣은 홀수로 같은 수입니다.
ⓐ × ⓒ = ⓔ에서 ⓐ, ⓒ, ⓔ는 모두 짝수 2, 4, 8 중 하나이므로 ⓔ는 4 또는 8입니다.
ⅰ) ⓔ = 4일 때, ⓐ = 2, ⓒ = 2입니다.
1㉣ − 4 = ㉤을 만족하는 홀수는 ㉣ = 3, ㉤ = 9밖에 없습니다.
ⓐ = 2, ⓒ = 2, ⓑ = 4, ⓓ = 8, ⓔ = 4
㉠ = 9, ㉡ = ㉣ = 3, ㉢ = 1, ㉤ = 9를 넣어 <완성식 1>이 됩니다.
ⅱ) ⓔ = 8일 때
1㉣ − 8 = ㉤을 만족하는 홀수는 ㉣ = 1, ㉤ = 3밖에 없습니다. (ⓐ, ⓑ, ⓒ) = (4, 2, 2)와 (2, 4, 4)가 가능하고, ⓓ = 8, ⓔ = 8, ㉠ = 9, ㉡ = ㉣ = 1, ㉢ = 1, ㉤ = 3을 넣어 완성식 2, 3을 만들 수 있습니다.

```
        4   2              4   4              2   2
  2 )   9   3        2 )   9   1        4 )   9   1
        8                  8                  8
      ─────              ─────              ─────
        1   3              1   1              1   1
            4                  8                  8
          ─────              ─────              ─────
            9                  3                  3
```

<완성 식 1>   <완성 식 2>   <완성 식 3>

6. 마방진

표지문제 .... P. 96

[정답] 풀이 과정 참조

〈풀이 과정〉

① 〈그림 1〉과 같이 빈칸에 ⓐ부터 ⓕ까지 적습니다.

　〈그림 1〉에서 파란색 칸을 기준으로 가로줄과 세로줄의 식을 적습니다.

　가로줄 식 : ⓒ + 5 + ⓓ, 세로줄 식 : 2 + ⓓ + 6입니다.
　가로줄과 세로줄에서 세 수의 합이 모두 같으므로
　ⓒ + 5 + ⓓ = 2 + ⓓ + 6입니다.
　식에서 공통인 ⓓ를 지우면 ⓒ + 5 = 8입니다.
　그러므로 ⓒ = 3입니다.

② 그 다음 노란색 칸을 기준으로 세로줄과 대각선의 식을 적습니다.

　세로줄 식 : ⓐ + ⓒ + ⓔ, 대각선 식 : 2 + 5 + ⓔ입니다.
　위와 마찬가지로 ⓒ = 3이므로 ⓐ + 3 + ⓔ = 2 + 5 + ⓔ입니다. 식에서 공통인 ⓔ를 지우면 ⓐ + 3 = 7입니다.
　그러므로 ⓐ = 4입니다.

③ 〈그림 2〉와 같이 ⓐ = 4와 ⓒ = 3을 놓아 가로, 세로, 대각선의 세 수의 합이 15가 되도록 나머지 빈칸을 채워서 〈완성 그림〉을 만듭니다.

4	ⓑ	2
3	5	ⓓ
ⓔ	ⓕ	6

〈그림 2〉

4	9	2
3	5	7
8	1	6

〈완성 그림〉

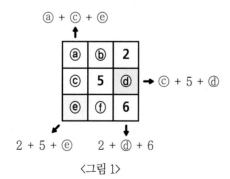

〈그림 1〉

대표문제 1　확인하기 .... P. 101

[정답] 풀이 과정 참조

〈풀이 과정〉

① 2부터 18까지 연속된 짝수 중에서 가장 작은 짝수는 2이고 가장 큰 짝수는 18입니다.

　마방진의 가운데 들어가는 수는

　(2 + 18) ÷ 2 = 20 ÷ 2 = 10입니다.

② (가로줄의 세 수의 합) = (세로줄의 세 수의 합)

　= (대각선의 세 수의 합)이므로 2부터 18까지 짝수를 모두 합한 후 3으로 나누면 됩니다.

　각 줄의 세 수의 합은

　(2 + 4 + 6 + 8 + 10 + 12 + 14 + 16 + 18) ÷ 3
　= 90 ÷ 3 = 30입니다.

③ 위 ①과 ②에서 구한 가운데 수 10과 세 수의 합 30을 이용하여 짝수로 빈칸을 채웁니다.

　〈그림〉과 같이 가운데 수 10을 놓은 후 나머지 4, 6, 12, 16, 18을 빈칸에 적습니다.

④ 따라서 ⓐ = 12, ⓑ = 16, ⓒ = 14, ⓓ = 6, ⓔ = 4, ⓕ = 18을 마방진에 채우면 가로, 세로, 대각선의 합이 모두 같은 〈마방진〉이 됩니다.

ⓐ	2	ⓑ
ⓒ	10	ⓓ
ⓔ	ⓕ	8

〈그림〉

12	2	16
14	10	6
4	18	8

〈마방진〉

[정답] 풀이 과정 참조

〈풀이 과정〉

① 가로줄과 세로줄에 세 칸의 합이 같으므로 〈그림〉과 같이 파란색 칸을 제외한 나머지 두 칸의 합이 서로 같아야 합니다.

〈그림〉

ⅰ) 파란색 칸에 4가 들어갈 때, 나머지 5, 6, 7, 8에서 합이 같게 2개씩 짝 지으면 (6, 7)과 (5, 8)입니다. 두 수의 합이 13으로 서로 같습니다. 가운데 칸에 4가 들어갈 수 있습니다.

ⅱ) 가운데 칸에 5가 들어갈 때, 나머지 4, 6, 7, 8로 합이 같게 2개씩 짝을 지을 수 없습니다. 가운데 칸에 5가 들어갈 수 없습니다.

ⅲ) 가운데 칸에 6이 들어갈 때, 나머지 4, 5, 7, 8에서 합이 같게 2개씩 짝지으면 (4, 8)과 (5, 7)입니다. 두 수의 합이 12로 서로 같습니다.

가운데 칸에 6이 들어갈 수 있습니다.

ⅳ) 가운데 칸에 7이 들어갈 때, 나머지 4, 5, 6, 8에서 합이 같게 2개씩 짝을 지을 수 없습니다.

가운데 칸에 7이 들어갈 수 없습니다.

ⅴ) 가운데 칸에 8이 들어갈 때, 나머지 4, 5, 6, 7에서 합이 같게 2개씩 짝지으면 (4, 7)과 (5, 6)입니다. 두 수의 합이 11로 서로 같습니다.

가운데 칸에 8이 들어갈 수 있습니다.

가운데 칸에 들어갈 수 있는 수는 4, 6, 8입니다.

② 위 ①에서 구한 파란색 칸에 4, 6, 8을 각각 놓고 나머지 빈 칸을 〈그림 1, 2, 3〉과 같이 완성합니다.

각각 세 수의 합을 구하면 17, 18, 19입니다.

③ 이 중에 세 수의 합이 가장 클 때는 〈그림 3〉으로 파란색 칸에 8이 들어가는 경우이고 세 수의 합은 19입니다.

이외에 가로줄과 세로줄의 두 수를 서로 바꿔 적거나 같은 줄에 두 수를 서로 바꿔 적어도 정답이 됩니다.

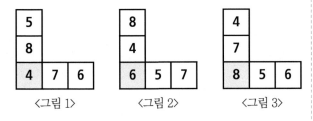

〈그림 1〉   〈그림 2〉   〈그림 3〉

[정답] 54

〈풀이 과정〉

① 마방진의 9개의 칸에 들어가는 모든 수의 합은
(같은 줄의 세 수의 합) × 3입니다.

주어진 마방진의 대각선의 세 수의 합은 6 + 9 + 12 = 27입니다.

9개의 칸에 들어가는 모든 수의 합은 27 × 3 = 81입니다.

② 따라서 마방진에서 나머지 6개의 수의 합은
81 − (6 + 9 + 12) = 81 − 27 = 54입니다.

연습문제 **02** ································· P. 104

[정답] 풀이 과정 참조

〈풀이 과정〉

① 가로줄이 2개이고 세로줄이 2개이므로 각각 두 수의 합이 같은 두 쌍인 경우를 찾습니다.

1, 2, 3, 4, 5에서 두 수씩 합한 값을 최소 3부터 최대 9까지 만들 수 있습니다.

② 두 수의 합이 3, 4, 8, 9일 때는 두 수의 합한 경우는

1 + 2 = 3, 1 + 3 = 4, 3 + 5 = 8, 4 + 5 = 9로 각각 한 가지밖에 없습니다. 두 수의 합이 5, 6, 7인 경우를 구합니다.

③ 두 수의 합이 5가 되려면 두수는 (1, 4), (2, 3)입니다.
두 수의 합이 6이 되려면 두수는 (1, 5), (2, 4)입니다.
두 수의 합이 7이 되려면 두수는 (3, 4), (2, 5)입니다.

④ 〈그림 1〉과 같이 두 수 (1, 4)와 (2, 3)을 가로줄에 놓고 세로줄에는 (2, 5)와 (3, 4)를 놓으면 가로줄의 두 수의 합은 각각 5이고 세로줄의 두 수의 합은 각각 7이 됩니다.

⑤ 위 ④과 같은 방법으로 〈그림 2〉와 〈그림 3〉을 완성할 수 있습니다.

이외에 가로줄과 세로줄의 두 수를 서로 바꿔 적거나 같은 줄에 두 수를 서로 바꿔 적어도 정답이 됩니다.

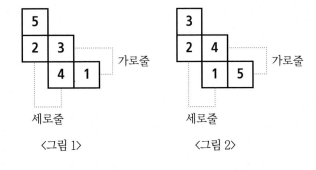

〈그림 1〉 〈그림 2〉

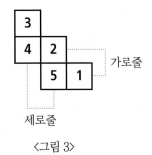

〈그림 3〉

연습문제 **03** ································· P. 104

[정답] 풀이 과정 참조

〈풀이 과정〉

① 8과 9를 제외한 2, 3, 4, 5, 6, 7을 빈칸에 한 번씩 써야 합니다. 8이 놓인 두 줄에서 각각 나머지 두 수를 구합니다. 같은 줄에 있는 세 수의 합이 17이므로 17 − 8 = 9이므로 나머지 두 수의 합은 9가 되어야 합니다. 놓을 수 있는 수는 (2, 7), (3, 6), (4, 5)로 세 가지가 있습니다.

이와 마찬가지로 9가 놓인 두 줄에서 각각 두 수에 놓을 수 있는 수는 (2, 6), (3, 5)로 두 가지가 있습니다.

② 만약 8이 놓인 줄에 (3, 6)을 놓으면 9가 놓인 줄에서 (2, 6)과 (3, 5)를 놓을 수 없습니다.

8이 놓인 줄에는 (3, 6)을 놓을 수 없습니다.

③ 따라서 〈그림〉과 같이 8이 놓인 줄에 (2, 7)을 놓으면 9가 놓인 줄에 (2, 6)을 놓고, 나머지 8이 놓인 다른 줄에 (4, 5)를 놓으면 9가 놓인 줄에 (3, 5)를 놓으면 됩니다.

이 외에도 뒤집은 모양으로 빈칸에 적어도 정답이 됩니다.

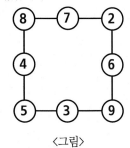

〈그림〉

연습문제 **04** ································· P. 105

[정답] 풀이 과정 참조

〈풀이 과정〉

① 3과 4를 제외한 나머지 5, 6, 7, 8을 빈칸에 한 번씩 적어야 합니다. 같은 줄에 있는 세 수의 합이 16이므로 4가 적힌 줄에서 나머지 두 수의 합은 12입니다.

3이 적힌 줄에서 나머지 두 수의 합은 13입니다.

② 두 수의 합이 12가 되려면 (5, 7)밖에 없습니다.

두 수의 합이 13이 되려면 (5, 8), (6, 7)로 두 가지가 있습니다.

③ 따라서 〈그림〉과 같이 4가 적힌 줄의 두 수인 5와 7을 적은 후 나머지 3이 적힌 줄의 빈칸에 8과 6을 적습니다.

이 외에도 뒤집은 모양으로 빈칸에 적어도 정답이 됩니다.

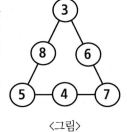

〈그림〉

[정답] 풀이 과정 참조

〈풀이 과정〉

① 〈그림 1〉과 같이 빈칸에 ⓐ부터 ⓕ까지 적습니다.

〈그림 1〉에서 파란색 칸을 기준으로 가로줄과 대각선의 식을 적습니다.

가로줄 식 : ⓐ + 15 + 11,

대각선 식 : ⓐ + ⓒ + 9입니다.

가로줄과 대각선에서 세 수의 합이 모두 같으므로

ⓐ + 15 + 11 = ⓐ + ⓒ + 9입니다.

식에서 공통인 ⓐ를 지우면 ⓒ = 17입니다.

② 그 다음 노란색 칸을 기준으로 가로줄과 세로줄의 식을 적습니다.

가로줄 식 : ⓔ + ⓕ + 9,

세로줄 식 : 15 + ⓒ + ⓕ입니다.

ⓒ = 17이므로 위와 마찬가지로

ⓔ + ⓕ + 9 = 15 + 17 + ⓕ입니다.

식에서 공통인 ⓕ를 지우면 ⓔ = 23입니다.

③ 〈그림 2〉와 같이 ⓒ = 17과 ⓔ = 23을 놓아 가로, 세로, 대각선의 세 수의 합이 11 + 17 + 23 = 51이 되도록 나머지 빈칸을 채웁니다.

④ 따라서 세 수의 합이 51이 되도록 빈칸을 채워서 〈완성 그림〉을 만듭니다.

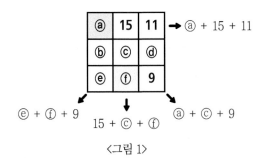

〈그림 1〉

〈그림 2〉 〈완성 그림〉

[정답] 풀이 과정 참조

〈풀이 과정〉

① 〈그림 1〉과 같이 세 수의 합이 13이므로 2개의 가로줄과 1개의 세로줄의 적힌 수를 모두 더했을 때, 2개의 파란색 칸은 두 번씩 더해집니다.

(1 + 2 + 3 + 4 + 5 + 6 + 7) + (파란색 칸의 두 수의 합) = 13 × 3입니다.

28 + (파란색 칸의 두 수의 합) = 39

이므로 (파란색 칸의 두 수의 합) = 39 − 28 = 11입니다.

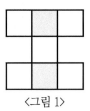

〈그림 1〉

② (파란색 칸의 두 수의 합) = 11이므로 파란색 칸의 두수는 (5, 6)과 (4, 7)입니다.

〈그림 2, 3〉은 각각 파란색 칸에 (5, 6)과 (4, 7)을 놓았을 때, 가로줄과 세로줄에 있는 세 수의 합이 모두 13이 되도록 채우면 〈그림 2, 3〉이 됩니다.

③ 〈그림 2, 3〉 외에도 같은 가로줄에 있는 숫자를 서로 바꿔 적어도 정답이 됩니다.

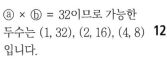

〈그림 2〉 〈그림 3〉

[정답] 풀이 과정 참조

〈풀이 과정〉

① 〈그림〉과 같이 각 원 안에 ⓐ부터 ⓓ까지 적습니다.

ⓐ × ⓑ = 32이므로 가능한 두수는 (1, 32), (2, 16), (4, 8)입니다.

그 다음 ⓐ × ⓒ = 12이므로 ⓐ에는 1, 2, 4가 들어갑니다.

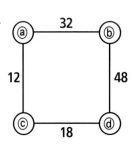

〈그림〉

② ⅰ) ⓐ = 1이라면 ⓒ = 12가 됩니다. 하지만 ⓒ = 12이면 ⓒ × ⓓ = 18이 되는 자연수 ⓓ가 없으므로 ⓐ = 1을 놓을 수 없습니다.

ⅱ) ⓐ = 2이라면 ⓒ = 6이고 ⓓ = 3입니다.

〈완성 그림 1〉과 같이 ⓐ = 2, ⓑ = 16, ⓒ = 6, ⓓ = 3을 채워 넣을 수 있습니다.

ⅲ) ⓐ = 4라면 ⓒ = 3이고 ⓓ = 6입니다.

<완성 그림 2>와 같이 ⓐ = 4, ⓑ = 8, ⓒ = 3, ⓓ = 6을 채워 넣을 수 있습니다.

③ <완성 그림 1, 2>에서 네 원 안에 적힌 수들을 더하면 각각 2 + 16 + 6 + 3 = 27과 4 + 8 + 3 + 6 = 21입니다. 네 원 안에 적힌 수들의 합이 가장 큰 경우는 27로 <완성 그림 1>입니다.

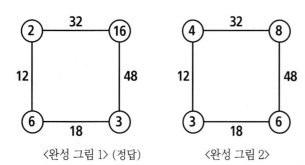

<완성 그림 1> (정답) <완성 그림 2>

연습문제 **08** ························· P. 106

[정답] 4

<풀이 과정>

① 3에서 9까지 수를 한 번씩 써야 합니다.

같은 줄에 있는 세 수의 합이 같으므로 가운데 ◯ 을 제외한 나머지 2개의 ◯ 의 합이 서로 같아야 합니다.

ⅰ) 가운데 ◯ 에 3이 들어갈 때, 나머지 숫자로 합이 같게 2개씩 짝지으면 (4, 9), (5, 8), (6, 7)입니다.

두 수의 합이 13으로 서로 같습니다.

가운데에 3이 들어갈 수 있습니다.

ⅱ) 가운데 ◯ 에 4 또는 5가 들어갈 때, 나머지 숫자로 합이 같게 2개씩 짝을 지을 수 없습니다.

가운데에 4 또는 5가 들어갈 수 없습니다.

ⅲ) 가운데 ◯ 에 6이 들어갈 때, 나머지 숫자로 합이 같게 2개씩 짝지으면 (5, 7), (3, 9), (4, 8)입니다.

두 수의 합이 12로 서로 같습니다.

가운데에 6이 들어갈 수 있습니다.

ⅳ) 가운데 ◯ 에 7 또는 8이 들어갈 때, 나머지 숫자로 합이 같게 2개씩 짝을 지을 수 없습니다.

가운데 칸에 7 또는 8이 들어갈 수 없습니다.

ⅴ) 가운데 ◯ 에 9가 들어갈 때, 나머지 숫자로 합이 같게 2개씩 짝지으면 (3, 8), (4, 7), (5, 6)입니다.

두 수의 합이 11로 서로 같습니다. 가운데 칸에 9가 들어갈 수 있습니다.

가운데 칸에 들어갈 수 있는 수는 3, 6, 9입니다.

② 위 ①에서 구한 가운데 수 3, 6, 9를 각각 파란색 칸에 놓고 나머지 빈칸을 <그림 1, 2, 3>과 같이 완성합니다.

각각 세 수의 합을 구하면 3 + 13 = 16, 6 + 12 = 18,

9 + 11 = 20입니다.

③ 이 중에 <그림 3>이 세 수의 합이 가장 클 때이고 <그림 1>이 세 수의 합이 가장 작을 때입니다.

이 둘의 차는 20 − 16 = 4입니다. (정답)

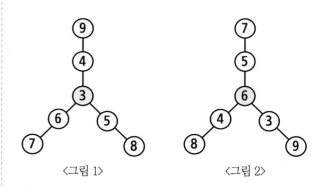

<그림 1> <그림 2>

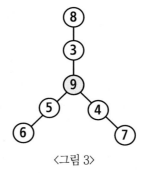

<그림 3>

연습문제 **09** ························· P. 107

[정답] 풀이 과정 참조

<풀이 과정>

① 1부터 8까지 숫자를 한 번씩 써야 합니다.

<그림>과 같이 각 꼭짓점 안에 ⓐ부터 ⓗ까지 적습니다. 3개의 정사각형의 꼭짓점의 합이 모두 18이므로 <그림>에서 같은 색의 원에서

ⓑ + ⓕ = ⓓ + ⓗ, ⓐ + ⓔ = ⓒ + ⓖ가 되어야 합니다. 겹치지 않게 두 수를 합칠 수 있는 경우가 두 가지 이상 있어야 합니다.

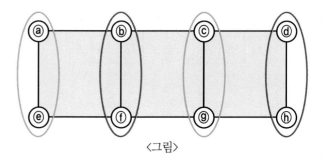

<그림>

② ⓑ, ⓒ, ⓕ, ⓖ에서 두 수의 합이 최소 3과 최대 15가 될 수 있습니다.

(ⓑ + ⓕ, ⓒ + ⓖ) = (3, 15), (4, 14), (6, 12), (5, 13), (7, 11), (8, 10), (9, 9) 중에서 (3, 15), (4, 14), (6, 12)는 겹치지 않게 두 수를 합칠 수 있는 경우가 한 가지밖에 없습니다.

따라서 (ⓑ + ⓕ, ⓒ + ⓖ)이 가능한 순서쌍은 (5, 13), (7, 11), (8, 10), (9, 9)입니다.

③ (ⓑ + ⓕ, ⓒ + ⓖ) = (5, 13)일 때, ⓑ + ⓕ = 5이므로 가능한 (ⓑ, ⓕ) = (1, 4), (2, 3)이고 가능한 (ⓒ, ⓖ) = (5, 8), (6, 7)입니다.

〈완성 그림 1〉과 같이 (ⓑ, ⓕ) = (1, 4), (ⓓ, ⓗ) = (2, 3), (ⓒ, ⓖ) = (5, 8), (ⓐ, ⓔ) = (6, 7)을 채울 수 있습니다.

④ 위 ②와 같이 (ⓑ + ⓕ, ⓒ + ⓖ) = (7, 11), (8, 10), (9, 9) 일 때를 각각 구하면 〈완성 그림 2, 3, 4〉를 찾을 수 있습니다. 이 외에도 같은 줄에 있는 숫자를 서로 바꿔 적어도 정답이 됩니다.

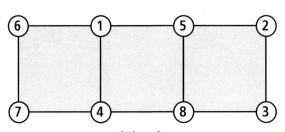

〈완성 그림 1〉

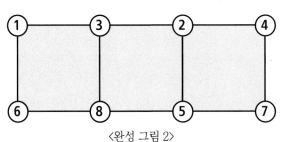

〈완성 그림 2〉

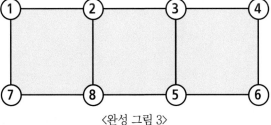

〈완성 그림 3〉

〈완성 그림 4〉

연습문제　　10　　⋯⋯⋯⋯⋯⋯⋯⋯⋯⋯ P. 107

[정답]　ⓐ = 13,　　ⓑ = 15,　　ⓒ = 5

〈풀이 과정〉

① 〈그림〉에서 파란색 칸을 기준으로 가로줄과 세로줄의 식을 적습니다

	ⓑ	14	1
	6	7	
ⓒ		11	8
16	3		ⓐ

〈그림〉

가로줄 식 : 16 + 3 + ■ + ⓐ,
세로줄 식 : ■ + 11 + 7 + 14입니다.

가로줄과 세로줄에서 네 수의 합이 모두 같으므로

16 + 3 + ■ + ⓐ = ■ + 11 + 7 + 14입니다.

식에서 공통인 ■을 지우면 19 + ⓐ = 32입니다.

ⓐ = 13입니다.

② 〈그림〉에서 노란색 칸을 기준으로 가로줄과 대각선의 식을 적습니다.

가로줄 식 : ■ + ⓑ + 14 + 1,

대각선 식 : ■ + 6 + 11 + ⓐ입니다.

ⓐ = 13이므로 ■ + ⓑ + 14 + 1 = ■ + 6 + 11 + 13입니다. 식에서 공통인 ■을 지우면 ⓑ + 15 = 30입니다.

ⓑ = 15입니다.

③ 〈그림〉에서 초록색 칸을 기준으로 가로줄과 세로줄의 식을 적습니다.

가로줄 식 : ⓒ + ■ + 11 + 8,

세로줄 : ⓑ + 6 + ■ + 3입니다.

ⓑ = 15이므로 ⓒ + ■ + 11 + 8 = 15 + 6 + ■ + 3입니다. 식에서 공통인 ■을 지우면 ⓒ + 19 = 24입니다.

ⓒ = 5입니다.

④ 따라서 ⓐ = 13, ⓑ = 15, ⓒ = 5입니다. (정답)

심화문제 **01** ·························· P. 108

[정답] 풀이 과정 참조

〈풀이 과정〉

① 〈그림〉은 1부터 16까지 연속된 수입니다.

(1부터 16까지 더한 값) ÷ 4를 하면 각 줄의 네 수를 합한 값이 됩니다.

(1 + 2 + ⋯ + 15 + 16) ÷ 4 = 136 ÷ 4 = 34입니다.

② 〈그림〉에서 4개의 가로줄, 4개의 세로줄, 2개의 대각선의 네 수의 합을 각각 구합니다. 주어진 조건에서 네 수의 합이 모두 34가 되어야 하므로 가로, 세로, 대각선의 네 수의 합이 다른 줄을 찾습니다.

③ 가로와 세로의 네 수의 합이 30인 경우와 가로, 세로, 대각선의 네 수의 합이 38인 경우로 34보다 각각 4씩 작고 큽니다. 가로, 세로의 네 수의 합이 30인 두 줄에서 겹치는 4와 가로, 세로, 대각선의 네 수의 합이 38인 세 줄이 겹치는 8을 서로 자리를 바꾸면 됩니다.

④ 따라서 〈완성 그림〉과 같이 4와 8을 자리를 바꿔서 가로, 세로, 대각선의 네 수의 합이 모두 34인 마방진을 완성합니다.

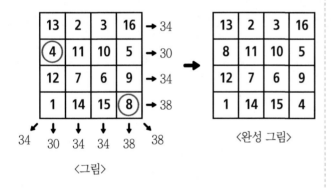

〈그림〉

〈완성 그림〉

심화문제 **02** ·························· P. 108

[정답] 풀이 과정 참조

〈풀이 과정〉

① 연습문제 8번에서 〈그림 1, 2, 3〉을 구했습니다.

가운데 원 안에 들어가는 숫자가 3, 6, 9로 각각 세 수의 합은 16, 18, 20이었습니다.

이 중에 각 원의 세 수의 합도 같아야 하므로 가운데 숫자가 3, 6, 9일 때를 각각 생각합니다.

② ⅰ) 가운데 숫자가 3일 때, 각 원의 세 수의 합이 16이 되어야 합니다. 하지만 나머지 숫자 4, 5, 6, 7, 8, 9로 세 수의 합이 16이 되는 수를 만들 수 없습니다.

가운데 숫자는 3이 들어갈 수 없습니다.

ⅱ) 가운데 숫자가 6일 때, 각 원의 세 수의 합이 18이 되

어야 합니다.

3 + 7 + 8 = 18, 4 + 5 + 9 = 18로 각 원에

(3, 7, 8)과 (4, 5, 9)를 놓으면 됩니다.

가운데 숫자는 6이 들어갈 수 있습니다.

ⅲ) 가운데 숫자가 9일 때, 각 원의 세 수의 합이 20이 되어야 합니다. 하지만 나머지 숫자 3, 4, 5, 6, 7, 8로 세 수의 합이 20이 되는 수를 만들 수 없습니다.

가운데 숫자는 9가 들어갈 수 없습니다.

③ 따라서 〈완성 그림〉과 같이 가운데 숫자가 6일 때, 같은 줄 위의 세 수의 합과 각 원 위의 세 수의 합이 18이 되도록 만들 수 있습니다.

이 외에도 돌리거나 같은 원 위에 숫자끼리 서로 자리를 바꿔도 정답이 됩니다.

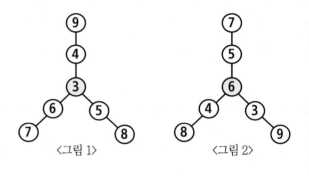

〈그림 1〉　　　　　〈그림 2〉

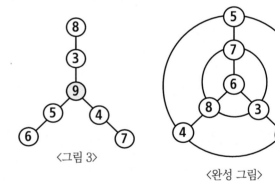

〈그림 3〉

〈완성 그림〉

[정답] 풀이 과정 참조

<풀이 과정>

① <그림>과 같이 각 꼭짓점에 ⓐ부터 ⑧까지 적습니다.

1부터 10까지 수의 합은 55이고 네 꼭짓점의 합이 모두 24가 되도록 만들어야 합니다.

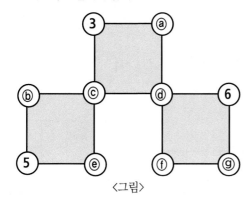

<그림>

② <그림>과 같이 네 꼭짓점의 합이 24이므로 3개의 정사각형의 적힌 수를 모두 더했을 때, ⓒ와 ⓓ는 두 번씩 더해집니다. 3개의 정사각형의 꼭짓점의 합은

$(1 + 2 + 3 + 4 + 5 + 6 + 7 + 8 + 9 + 10)$ + (ⓒ + ⓓ) = 24 × 3입니다.

ⓒ + ⓓ = 72 - 55 = 17입니다.

(ⓒ, ⓓ) = (8, 9), (10, 7)이 가능합니다.

서로 ⓒ와 ⓓ가 바뀌어도 상관없습니다.

③ (ⓒ, ⓓ) = (8, 9)인 경우

반드시 ⓐ = 24 - (3 + 8 + 9) = 4입니다.

나머지 숫자로 ⓑ, ⓔ, ⓕ, ⑧를 채우면 <완성 그림 1>이 됩니다.

(ⓒ, ⓓ) = (9, 8)인 경우 나머지 숫자로 ⓑ, ⓔ, ⓕ, ⑧를 채워 네 꼭짓점의 합이 모두 24가 되게 만들 수 없습니다.

(ⓒ, ⓓ) = (9, 8)은 불가능합니다.

④ (ⓒ, ⓓ) = (10, 7)인 경우 위와 같이 ⓐ = 4이고 나머지 숫자로 ⓑ, ⓔ, ⓕ, ⑧를 채우면 <완성 그림 2>가 됩니다.

(ⓒ, ⓓ) = (7, 10)인 경우 나머지 숫자로 ⓑ, ⓔ, ⓕ, ⑧를 채워 네 꼭짓점의 합이 모두 24가 되게 만들 수 없습니다.

(ⓒ, ⓓ) = (7, 10)은 불가능합니다.

⑤ 따라서 (ⓒ, ⓓ) = (8, 9) 또는 (10, 7)일 때, ⓐ = 4이고 ⓑ, ⓔ, ⓕ, ⑧를 <완성 그림 1, 2>을 만들 수 있습니다. 이 외에도 ⓑ와 ⓔ, ⓕ와 ⑧의 자리를 서로 바꿔 적어도 정답이 됩니다.

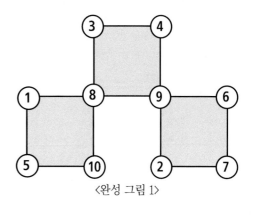

<완성 그림 1>

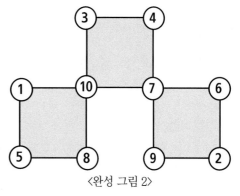

<완성 그림 2>

[정답] 풀이 과정 참조

<풀이 과정>

① <그림>과 같이 각 꼭짓점에 ⓐ부터 ⓕ까지 적습니다.

1, 2, 5, 8, 10을 제외한 나머지 3, 4, 6, 7, 9, 11을 한 번씩 써야 합니다. 3개의 오각형의 꼭짓점의 합이 32이므로

ⓒ + ⓓ = 32 - (2 + 10 + 5) = 15입니다.

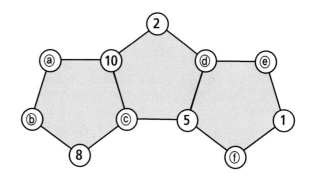

② (ⓒ, ⓓ) = (9, 6), (11, 4)가 가능합니다.

서로 ⓒ와 ⓓ가 바뀌어도 상관없습니다.

③ (ⓒ, ⓓ) = (9, 6)인 경우, ⓐ + ⓑ + 8 + 10 + ⓒ = 32 에서 ⓒ = 9이므로 ⓐ + ⓑ = 5입니다.

ⓕ + ⓔ + 1 + ⓓ + 5 = 32에서 ⓓ = 6이므로

ⓕ + ⓔ = 20입니다.

하지만 나머지 숫자 3, 4, 7, 11로 ⓐ + ⓑ = 5,

ⓕ + ⓔ = 20을 만들 수 없습니다.

(ⓒ, ⓓ) = (6, 9)인 경우, 나머지 숫자 3, 4, 7, 11을

ⓐ, ⓑ, ⓔ, ⓕ에 채워 5개의 꼭짓점의 합이 모두 32가 되게 만들 수 없습니다.

(ⓒ, ⓓ)는 (9, 6)과 (6, 9)는 모두 가능하지 않습니다.

④ (ⓒ, ⓓ) = (11, 4)인 경우, 나머지 숫자 3, 6, 7, 9를

ⓐ, ⓑ, ⓔ, ⓕ에 채워 5개의 꼭짓점의 합이 모두 32가 되게 만들 수 없습니다.

(ⓒ, ⓓ) = (4, 11)인 경우, ⓐ + ⓑ + 8 + 10 + ⓒ = 32 에서 ⓒ = 4이므로 ⓐ + ⓑ = 10입니다.

ⓕ + ⓔ + 1 + ⓓ + 5 = 32에서 ⓓ = 11이므로

ⓕ + ⓔ = 15입니다.

나머지 3, 6, 7, 9로 ⓐ + ⓑ = 10, ⓕ + ⓔ = 15를 만들려면 (ⓐ, ⓑ) = (3, 7)이고 (ⓕ, ⓔ) = (9, 6)이어야 합니다.

⑤ 따라서 (ⓒ, ⓓ) = (4, 11)일 때, ⓐ = 3, ⓑ = 7, ⓕ = 9, ⓔ = 6을 채워 <완성 그림>을 만들 수 있습니다.

이 외에도 ⓐ와 ⓑ, ⓕ와 ⓔ의 자리 서로 바꿔 적어도 정답이 됩니다.

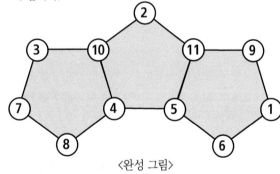

<완성 그림>

창의적문제해결수학 **01** ⋯⋯⋯⋯ P. 110

[정답] 풀이 과정 참조

<풀이 과정>

① <무우의 마방진>처럼 최소 한 번 이상 사용하므로 상상이가 가진 5장의 숫자 카드의 합을 구합니다.

2 + 4 + 6 + 8 + 10 = 30으로 가로, 세로 대각선의 5개의 수의 합이 30이 되어야 합니다.

② 파란색 칸에 숫자 카드 6을 놓은 후 <무우의 마방진>처럼 각 색에 맞춰 노란색 칸에는 6보다 작은 4를 놓고 초록색 칸에는 4보다 작은 2를 놓습니다.

나머지 빨간색, 분홍색 칸에는 각각 8과 10을 놓습니다.

③ <예시 정답 1>과 같이 상상이는 5개의 숫자 카드를 모두 사용하여 마방진을 완성할 수 있습니다.

이 외에도 파란색을 제외한 나머지 색에 해당하는 숫자를 서로 바꿔 적어도 같습니다.

④ 위의 방법 외에도 <예시 정답 2, 3, 4, 5>와 같이 가운데 2, 4, 8, 10을 놓아서 가로, 세로, 대각선의 5개의 수의 합이 모두 30으로 같게 만들 수 있습니다.

무우 : 6 8 10

상상 : 2 4 6 8 10

10	6	8
6	8	10
8	10	6

<무우의 마방진>

8	10	2	4	6
10	2	4	6	8
2	4	6	8	10
4	6	8	10	2
6	8	10	2	4

<예시 정답 1>

10	2	8	4	6
2	4	6	8	10
6	8	2	10	4
8	10	4	6	2
4	6	10	2	8

<예시 정답 2>

2	4	10	6	8
4	6	8	10	2
8	10	4	2	6
10	2	6	8	4
6	8	2	4	10

<예시 정답 3>

6	8	4	10	2
8	10	2	4	6
2	4	8	6	10
4	6	10	2	8
10	2	6	8	4

<예시 정답 4>

8	10	6	2	4
10	2	4	6	8
4	6	10	8	2
6	8	2	4	10
2	4	8	10	6

<예시 정답 5>

[정답] 풀이 과정 참조

〈풀이 과정〉

① 〈그림〉과 같이 각 원에 ⓐ부터 ⨍까지 적습니다.

2, 4, 6, 8, 10, 12를 한 번씩 써야 합니다.

가장 큰 삼각형 위의 3개 원의 합이 18이므로 2, 4, 6, 8, 10, 12 중에 세 수의 합이 18이 되는 경우를 찾습니다.

(2, 4, 12), (2, 6, 10), (4, 6, 8)로 세 경우가 있습니다.

② (ⓐ, ⓒ, ⨍) = (2, 4, 12)일 때, 작은 삼각형 위의 3개 원의 합이 22가 되어야 합니다.

작은 삼각형에서 나머지 두 수의 합은 각각 ⓑ + ⓓ = 20, ⓑ + ⓔ = 18, ⓓ + ⓔ = 10이 되어야 합니다.

나머지 숫자 6, 8, 10에서 두 수를 합하여 20, 10을 만들 수 없습니다. (ⓐ, ⓒ, ⨍) = (2, 4, 12)가 들어갈 수 없습니다.

③ (ⓐ, ⓒ, ⨍) = (2, 6, 10)일 때, 작은 삼각형 위의 3개 원의 합이 22가 되어야 합니다.

작은 삼각형에서 나머지 두 수의 합은 각각 ⓑ + ⓓ = 20, ⓑ + ⓔ = 16, ⓓ + ⓔ = 12가 되어야 합니다.

나머지 숫자 4, 8, 12로 12 + 8 = 20, 12 + 4 = 16, 8 + 4 = 12를 만들 수 있습니다.

④ (ⓐ, ⓒ, ⨍) = (4, 6, 8)일 때, 작은 삼각형 위의 3개 원의 합이 22가 되어야 합니다. 작은 삼각형에서 나머지 두 수의 합은 각각 ⓑ + ⓓ = 18, ⓑ + ⓔ = 16, ⓓ + ⓔ = 14가 되어야 합니다.

나머지 숫자 2, 10, 12에서 두 수를 합하여 18, 16, 14를 만들 수 없습니다. (ⓐ, ⓒ, ⨍) = (4, 6, 8)이 들어갈 수 없습니다.

⑤ 따라서 〈완성 그림〉과 같이 (ⓐ, ⓒ, ⨍) = (2, 6, 10)일 때, ⓑ = 12, ⓓ = 8, ⓔ = 4입니다.

이 외에도 회전하거나 뒤집어 적어도 정답이 됩니다.

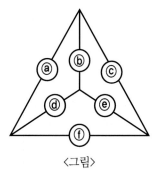
〈그림〉

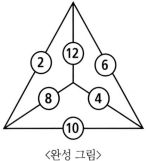
〈완성 그림〉

창의 영재 수학

아이앤아이

무한상상 카페 cafe.naver.com/creativeini

창의영재수학

아이앤아이

무한상상 교재 활용법

무한상상은 상상이 현실이 되는 차별화된 창의교육을 만들어갑니다.

아이앤아이 시리즈

특목고, 영재교육원 대비서

	아이앤아이 영재들의 수학여행		아이앤아이 꾸러미	아이앤아이 꾸러미 120제	아이앤아이 꾸러미 48제	아이앤아이 꾸러미 과학대회	창의력과학 아이앤아이 I&I
	수학 (단계별 영재교육)		수학, 과학	수학, 과학	수학, 과학	과학	과학
6세~초1	출시 예정	수, 연산, 도형, 측정, 규칙, 문제해결력, 워크북 (7권)					
초1~3		수와 연산, 도형, 측정, 규칙, 자료와 가능성, 문제해결력, 워크북 (7권)	꾸러미	꾸러미120제	꾸러미 48×모의고사		
초3~5		수와 연산, 도형, 측정, 규칙, 자료와 가능성, 문제해결력 (6권)		수학, 과학 (2권)	수학, 과학 (2권)	꾸러미 과학대회	I&I 3 4
초4~6	출시 예정	수와 연산, 도형, 측정, 규칙, 자료와 가능성, 문제해결력 (6권)	꾸러미	꾸러미120제	꾸러미 48×모의고사	과학토론 대회, 과학산출물 대회, 발명품 대회 등 대회 출전 노하우	I&I 5
초6	출시 예정	수와 연산, 도형, 측정, 규칙, 자료와 가능성, 문제해결력 (6권)	꾸러미	꾸러미120제	꾸러미 48×모의고사		I&I 6
중등			꾸러미	수학, 과학 (2권)	수학, 과학 (2권)	꾸러미 과학대회	아이앤아이
고등						과학토론 대회, 과학산출물 대회, 발명품 대회 등 대회 출전 노하우	물리(상,하), 화학(상,하), 생명과학(상,하), 지구과학(상,하) (8권)